BIM "从 0 到 1" 新手快速入门培训系列

BIM 技术应用系列教材

Revit 机电综合设计
快速入门简易教程

主　编　慕俊卿　赵冬梅　计　伟
副主编　韩建林　张骁骅　陈宗全　翁天龙
参　编　耿芳菲　郭　晶　韩玉影　李　刚
　　　　李正杰　司红卫　于文超

机 械 工 业 出 版 社

本书是一本以实际项目为例、以应用为目标的系统化、标准化建模的案例式教程，涵盖 95% 以上的机电操作命令，旨在让读者快速掌握模型搭建及管线综合的技巧，实现读者的入门要求。

本书共包含 7 章内容，第 1 章为概论，讲述了 BIM 的理论和概念，旨在让读者对 BIM 有正确的了解和认知；第 2 章为机电基础命令，讲述了 Autodesk Revit MEP 软件的基本原理及每个命令使用的方法、方式，旨在让读者了解软件的特性及其包含的内容；第 3 章为机电模型搭建，主要以实际项目为例，进行模型搭建，让读者对软件有直观的认知；第 4 章为管线综合，讲述机电碰撞检测及成果输出；第 5 章为施工图出图，讲述如何实现各专业施工图出图以及工程量的统计；第 6 章为样板文件的基本设置，主要讲述项目开始标准的建立；第 7 章为四维施工模拟，主要讲述四维施工模拟及动画制作。

本书配套图纸和教学视频，加 QQ 群 577377245 免费索取、答疑。

本书可作为职业院校建筑类专业的教学用书，也可作为 BIM 方向实训教材，还可作为 BIM 入门读者的自学资料。

图书在版编目（CIP）数据

Revit 机电综合设计快速入门简易教程/慕俊卿，赵冬梅，计伟主编. —北京：机械工业出版社，2017.10（2024.2 重印）

（BIM "从 0 到 1" 新手快速入门培训系列）

BIM 技术应用系列教材

ISBN 978-7-111-57895-6

Ⅰ. ①R…　Ⅱ. ①慕…　②赵…　③计…　Ⅲ. ①机械设计-计算机辅助设计-图形软件-教材　Ⅳ. ①TH122-39

中国版本图书馆 CIP 数据核字（2017）第 213765 号

机械工业出版社（北京市百万庄大街 22 号　邮政编码 100037）
策划编辑：刘思海　责任编辑：刘思海　陈瑞文
责任校对：樊钟英　封面设计：鞠　杨
责任印制：单爱军
北京虎彩文化传播有限公司印刷
2024 年 2 月第 1 版第 7 次印刷
184mm×260mm・14 印张・337 千字
标准书号：ISBN 978-7-111-57895-6
定价：38.00 元

电话服务　　　　　　　　网络服务
客服电话：010-88361066　机 工 官 网：www.cmpbook.com
　　　　　010-88379833　机 工 官 博：weibo.com/cmp1952
　　　　　010-68326294　金 书 网：www.golden-book.com
封底无防伪标均为盗版　机工教育服务网：www.cmpedu.com

编审委员会

前　言

　　21 世纪，建筑行业的发展是机遇与挑战并存，理念的革新、技术的更替已成为这一时期不可或缺的思考。在这一场涉及全行业人员的技术变革中，BIM 以其全新的视角与显著优势成为这一时期从量变到质变的又一标志。其内涵与外延早已超出技术本身的范畴，延伸至建筑工程行业全流程数据化管理的各方面。2006 年美国建筑师协会曾发出一项预警：不懂建筑信息模型（Building Information Modeling）的建筑师将在不久的将来失去竞争机会。

　　河南比目云工程管理有限公司依托行业内领先 BIM 服务技术，联合河南博纳建筑设计有限公司、北京森磊源建筑规划设计有限公司、河南七建工程集团有限公司、河南智博工程咨询有限公司的优秀设计、施工、造价资源，共同建设业内首家具备甲级设计、壹级施工、甲级造价的比目云 BIM 中心，通过基于建筑全生命周期的视角，致力于精细化项目管理，降低项目实施过程中的资源浪费，提升成本管理和施工管理水平，提高建设项目盈利能力。

　　近几年来，随着 BIM 行业的不断发展，越来越多的教程案例涌现出来，以满足从业者的需求。但是在众多教程中，缺少实战式的案例教程，对想实现快速入门的初学者来说，可选择的较少。为满足广大 BIM 爱好者的需求，我们特联合各企业、院校，并结合实际案例，编写此书，以此来实现初学者快速掌握 Revit 机电综合设计的需求。

　　本书由慕俊卿、赵冬梅、计伟主编，由韩建林、张骁骅、陈宗全、翁天龙任副主编，耿芳菲、郭晶、韩玉影、李刚、李正杰、司红卫、于文超参编。在此特别鸣谢河南工业职业技术学院、河南建筑职业技术学院、济源职业技术学院、漯河职业技术学院、河南应用职业技术学院、黄河水利职业技术学院、河南博纳建筑设计有限公司、北京森磊源建筑规划设计有限公司、河南七建工程集团有限公司、河南智博工程咨询有限公司等相关单位的大力支持。

　　限于作者水平，书中论述难免有不妥之处，望读者批评指正。

编　者

目 录

前　言

第**1**章　概论 ·· 1

1.1　协同设计 ··· **2**
　1.1.1　协同设计与软件概述 ················· 2
　1.1.2　功能框图 ····························· 2
　1.1.3　协同设计的特点 ····················· 4
　1.1.4　协同设计的工作方式 ················· 5
1.2　管线综合原则及意义 ······················· **5**
　1.2.1　原则、范围、管道间距 ··············· 5
　1.2.2　管线综合的意义 ····················· 7

第**2**章　机电基础命令 ······················· 8

2.1　Autodesk Revit 2016 界面介绍 ········· **9**
　2.1.1　用户界面布置 ······················· 9
　2.1.2　功能区的基本命令 ··················· 11
2.2　文件格式 ··· **23**
2.3　项目设置 ··· **28**
　2.3.1　项目信息 ···························· 28
　2.3.2　项目参数 ···························· 29
　2.3.3　项目单位 ···························· 31
　2.3.4　文字 ································· 32
　2.3.5　标记 ································· 33
　2.3.6　尺寸标注 ···························· 36
　2.3.7　对象样式 ···························· 39
　2.3.8　传递项目标准 ······················· 44

2.4 视图属性 ·· **46**
  2.4.1 视图样板 ··· 46
  2.4.2 视图范围 ··· 49

2.5 给排水系统基础命令 ·· **49**
  2.5.1 系统创建 ··· 49
  2.5.2 系统布管 ··· 53

2.6 暖通系统基础命令 ·· **66**
  2.6.1 系统创建 ··· 66
  2.6.2 系统布管 ··· 69

2.7 电气系统基础命令 ·· **75**
  2.7.1 电缆桥架 ··· 76
  2.7.2 线管 ··· 86

2.8 系统分析 ·· **90**
  2.8.1 给排水系统分析 ····································· 90
  2.8.2 暖通系统分析 ······································· 93
  2.8.3 电气系统分析 ······································· 97

2.9 工程量统计 ·· **98**
  2.9.1 明细表的编辑 ······································· 99
  2.9.2 明细表的导出 ······································ 101

2.10 碰撞检查 ·· **102**

2.11 协同工作 ·· **105**
  2.11.1 链接 Revit 模型 ·································· 105
  2.11.2 管理链接 ··· 107
  2.11.3 绑定链接 ··· 109
  2.11.4 复制/监视 ·· 110
  2.11.5 工作共享 ··· 112
  2.11.6 创建和编辑机电中心文件 ··························· 113
  2.11.7 设置工作集 ······································· 116
  2.11.8 创建本地文件 ····································· 118
  2.11.9 编辑本地文件 ····································· 118
  2.11.10 保存本地文件 ···································· 123

第 3 章 机电模型搭建 ··· **124**

3.1 结构与建筑模型搭建 ······································ **125**
  3.1.1 结构专业模型搭建 ·································· 125
  3.1.2 建筑专业模型搭建 ·································· 134

3.2 给排水专业模型搭建 ······································ **137**
  3.2.1 通气、雨水、废水、污水系统模型的搭建 ·············· 137
  3.2.2 给水系统模型的搭建 ································ 147

3.3　暖通专业模型的搭建 ……………………………………………………… **151**
　3.3.1　排风系统模型的搭建 ……………………………………………… 151
　3.3.2　送风系统模型的搭建 ……………………………………………… 158
3.4　电气专业模型搭建（照明系统） …………………………………………… **159**

第 **4** 章　管线综合 ……………………………………………………………… **166**

4.1　链接 Revit ………………………………………………………………… **167**
4.2　Revit 碰撞 ………………………………………………………………… **168**
4.3　导出冲突报告 ……………………………………………………………… **171**

第 **5** 章　施工图出图 …………………………………………………………… **172**

5.1　给排水专业出图 …………………………………………………………… **173**
5.2　暖通专业出图 ……………………………………………………………… **177**
5.3　电气专业出图 ……………………………………………………………… **181**
5.4　三维轴测图 ………………………………………………………………… **182**
5.5　系统图 ……………………………………………………………………… **184**
5.6　明细表 ……………………………………………………………………… **187**

第 **6** 章　样板文件的基本设置 ………………………………………………… **191**

6.1　标高设置 …………………………………………………………………… **192**
6.2　轴网基本设置 ……………………………………………………………… **193**
6.3　尺寸标注的设置 …………………………………………………………… **195**
6.4　线型图案和线宽设置 ……………………………………………………… **196**
　6.4.1　线宽设置 …………………………………………………………… 196
　6.4.2　线样式设置 ………………………………………………………… 197
6.5　对象样式的设置 …………………………………………………………… **199**
6.6　材质设置 …………………………………………………………………… **199**
6.7　系统设置 …………………………………………………………………… **201**
6.8　管道配置 …………………………………………………………………… **203**
6.9　视图样板设置 ……………………………………………………………… **204**
6.10　视图设置 …………………………………………………………………… **207**

第 **7** 章　四维施工模拟 ………………………………………………………… **210**

7.1　主体结构施工模拟 ………………………………………………………… **211**
7.2　材质添加 …………………………………………………………………… **214**
7.3　视点动画和录制动画 ……………………………………………………… **215**

第1章

概　论

1.1 协同设计

协同设计是指各成员在计算机的支持下，通过分工与协作共同完成某一设计目标的设计方法。协同设计是当下设计行业技术更新的一个重要方向，也是设计技术发展的必然趋势，其中有两个技术分支，一个主要适合于大型公建，复杂结构的三维 BIM 协同，另一个主要适合普通建筑及住宅的二维 CAD 协同。通过协同设计建立统一的设计标准，包括图层、颜色、线型、打印样式等，在此基础上，所有设计专业及人员在一个统一的平台上进行设计，从而减少各专业之间（以及专业内部）由于沟通不畅或沟通不及时导致的错、漏、碰、缺，真正实现所有图纸信息元的单一性，实现一处修改处处自动修改，从而提升设计效率和设计质量。同时，协同设计也对设计项目的规范化管理起到重要作用，包括进度管理、设计文件统一管理、人员负荷管理、审批流程管理、自动批量打印、分类归档等。

1.1.1 协同设计与软件概述

协同设计软件会在不增加任何工作负担、不影响任何设计思路的情况下，始终帮助用户理顺设计中的每一张图纸，记录清楚其各个历史版本和历程，从此设计图纸不再凌乱；始终帮助用户掌握设计的协作分寸和时机，使得图纸环节的流转及时顺畅，资源共享充分圆满，从此不再有所谓的扯皮推诿；始终帮助用户监控设计过程中的每个环节，使得工程进度把握有序，从此工期不再拖延。协同设计就相当于配给用户的得力助手，神奇的魅力令人无法抗拒。协同设计工作是以一种协作的方式，使成本可以降低，可以更快地完成设计。协同设计由流程、协作和管理 3 类模块构成。设计、校审和管理等不同角色人员利用该平台中的相关功能实现各自工作。

协同设计的真正含义是：首先在一个完整的组织机构中共同完成一个项目，项目的信息和文档从一开始创建时起就放置到共享平台上，被项目组的所有成员查看和利用，从而完美实现设计流程上下游专业间的"提资"。

1.1.2 功能框图

流程类模块主要是根据设计人员的设计习惯完成常规的设计和校审工作，协作类模块负责解决设计过程中的信息交流、共享和合作等问题，管理类模块可帮助相关人员及时了解和掌握设计过程的详细情况。

1. 流程类模块

本类模块包括：基本信息、流程结构、属性设置、图纸存储、版本管理、流转校审等。目的是以设计流程为基础，从项目的进入到中间过程再到完成归档，施行全面的动态管理。引导操作步骤、明晰各种状态、调理分类信息和强化可视化效果，使设计环节自然流畅、设计过程轻松高效。

项目委托单位、项目及其负责人等基本信息自动从项目管理中提取，与项目管理一体化集成使用。

（1）流程结构　自动从项目管理系统中提取已建立项目的组织结构及参与人员，如专业负责人、设计人、校审人员。软件将根据此设置，在相关人员的任务栏上自动加载该项目及其项目信息、公共资源、互提条件等服务，同时将与其角色相对应的任务列出。

（2）属性设置　项目属性和专业属性的设置，可以引用模板或存入模板。项目负责人设置"工程名称""设计阶段"等项目通用属性字段；专业负责人则设置"设计人""校审类"等具有专业特征的属性字段，以适应不同设计单位或专业的要求。

（3）图纸存储　对用户图纸的设计过程不加任何干扰，可以对已设计好的图形采用"附加"或"存入"的方式一张张地引入软件中。在引入的过程中软件会自动识别图纸版本，并以可视化的效果将历史版本和最新版本提示给用户，同时会根据流程结构和属性设置将图纸的属性字段及已知的属性值自动附加上去。

（4）流转校审

1）过程自动化：自动记录图纸的当前状态，图纸在设计人和校审人之间传递时具有提醒和智能导向。

2）版本清晰化：根据用户的个性设置，图纸文件可在设计阶段、已发往校审、校审通过及未通过等状态下显现不同的背景色彩，多版本图纸具有清晰的版本标识，并拥有只显示所有图纸最新版本的专门区域。

3）管理条理化：每张图纸及其校审意见和校审时间等信息均被管理得井然有序。用户点取任何一张图纸，校审区就会立刻显示其历次校审过程的标题，并在标题下列出相应的"文本""附件"及"图形"3个意见区。显示内容完全，按需加载。

4）查询一体化：设计人员及相关校审人员能同时看到每张图纸的全部流转过程及其校审意见。用户在检查一张经多次校审和修改的图纸时，可动态翻阅或将历次意见在图面上叠加显现。与 AutoCAD 无缝连接集成，校审环节红线批注功能完整。

2. 协作类模块

本类模块主要有：公共资源、互提条件、警醒机制、系统信息、信使交流和项目漫游等。目的是在安全的前提下提供工程设计成员资源共享、信息交流、互帮互助等功能以及面向对象的工程设计可视化效果。最大限度地利用计算机网络，变单机设计为网络设计，将个人的静态设计扩展到项目的动态设计，减少差错、增强时效、提高设计效率。

（1）公共资源　开辟了一个供每个项目设计人员都可以自由上传和下载图形、文本等资源的公共区域。其中的资源可自动附注上传人及其标释的有关信息，并记忆引用者及被引用次数、自动更新版本等。

（2）互提条件　专门提供了一个用于设计过程中专业之间及专业内部互提条件的功能模块，方式灵活多样、操作简捷高效、查询管理条理有序。

（3）警醒机制　自动计时并定时将提前预置的某一事件报告给目标用户。可以单独或附随某一事件同时触发，也可以自我预设或为他人提供提示服务，用以防止遗忘，强化重要性。

（4）系统信息　当出现设计人员将图纸发往校审人员，校审人员校对、审核完毕将图纸发还给设计人员等环节时，系统自动出现信息提示环节负责人。

（5）信使交流　具有网上对话、互传资料、流程提醒、脱环境操作等功能。一个物体没有神经信息传送系统就没有智能，信使就像软件的一套神经信息传送系统，把各类人员有机地关联起来，通过它信息沟通得以及时顺畅、方便高效地进行。

（6）项目漫游　同一项目组的成员在不具备删除和修改权限的安全前提下，可以相互间浏览所有版本的设计成果，有属性、缩略图、浏览图和图纸目录等。浏览方式直观清楚，并可适时简单地实现目标资源的申请、批准和下载。同时，系统根据成员在项目中的角色将成员成果自动按流程形成梯形列表备索。

3. 管理类模块

本模块主要有：项目查询、表类查询、进度报告、图纸目录、图纸归档和项目归档等。目的是进一步强化协同和流程的作用，管理合同和设计成果，把握进程，为网络监控提供方便。

（1）项目查询　专门为设计单位领导的监督管理提供方便。具有超级权限的领导可以在相应的范围内任意浏览每个工程设计过程，了解每张图纸及其校审等流程细节，查询工程进程，与工程人员进行交流或询问。

（2）表类查询　项目各种表类的查询，包括校审表、项目状况表、项目进度表、设计进度表、图纸历程表、图纸统计表等。

（3）进度报告　软件定量统计出每个设计人员的图纸张数及其规格，并辅以设计人员定性的进度百分率；汇总每个设计人员、专业以及整个项目的综合进度报告。项目成员或部门领导可以随时查询了解，并打印生成报表。

（4）图纸目录　任何可被查询和浏览的图形区均可生成按用户个性化设置的图纸目录，并可将其产生的图纸目录转存为 Word、Excel 形式或绘制成 dwg 图形。

（5）图纸归档　软件为"图档管理"或其他图档软件提供了图形归档的数据接口，同时图形还将现有属性附加带入，归档时无须另行输入。

（6）项目归档　软件将工程基本信息、人员组成、设计流程和每张图纸的各个版本及其校审记录等所有项目信息进行归档，并提供了相应的查询功能。

 1.1.3　协同设计的特点

协同设计具有以下特点：

（1）分布性　参加协同设计的人员可能属于同一个企业，也可能属于不同的企业；同一企业内部不同的部门又在不同的地点，所以协同设计须在计算机网络的支持下分布进行，这是协同设计的基本特点。

（2）交互性　在协同设计中人员之间经常进行交互，交互方式可能是实时的，如协同造型、协同标注；也可能是异步的，如文档的设计变更流程。开发人员须根据需要采用不同的交互方式。

（3）动态性　在整个协同设计过程中，产品开发的速度、工作人员的任务安排、设备状况等都在发生变化。为了使协同设计能够顺利进行，产品开发人员需要方便地获取各方面的动态信息。

（4）协作性与冲突性　由于设计任务之间存在相互制约的关系，因此为了使设计的过程和结果一致，各个子任务之间须进行密切的协作。另外，由于协同的过程是群体参与的过程，不同的人会有不同的意见，合作过程中的冲突不可避免，因此须进行冲突消解。

（5）活动的多样性　协同设计中的活动是多种多样的，除了方案设计、详细设计、产品造型、零件工艺、数控编程等设计活动外，还有促进设计整体顺利进行的项目管理、任务规划、冲突消解等活动。协同设计就是这些活动组成的有机整体。

除了上述特点外，协同设计还有产品开发人员使用的计算机软硬件的异构性、产品数据的复杂性等特点。对协同设计特点的分析有助于为建立合理的协同设计环境体系结构提供参考。

1.1.4　协同设计的工作方式

根据交互双方的空间位置和应答方式，协同设计的工作方式可分为以下 4 类：

1）面对面交互是多个协作成员在同一时间、同一地点进行的协同设计，通常以会议的形式进行。

2）异步交互是多个协作成员在同一地点、不同时间进行的协同设计，可以通过共享数据库实现。

3）异步分布式交互是多个协作成员在不同时间、不同地点进行的协同设计，需要网络的支持，可通过文件管理、E- mail、分布式数据库等实现。

4）同步分布式交互是多个协作成员在同一时间、不同地点进行的协同设计，实现的难度较大。

1.2　管线综合原则及意义

1.2.1　原则、范围、管道间距

1. 总体原则

尽量利用梁内空间。

2. 范围

范围为给排水专业管线、空调通风专业管线及电气专业管线。

1）给排水专业管线主要包括生活给水管（其中又经常分高、中、低区生活给水管）、排（雨、污、生活废）水管、消防栓给水管（高、地区）、喷淋管（高、地区）以及生活热水管和蒸汽管等。

2）空调通风管线主要包括空调风管、平时排送风管、消防排烟管、空调冷冻水管、冷凝水管以及冷却水管等。

3）由于电气专业管线占用空间较少，因此在设计综合管线时只将动力、照明等配电桥架和消防报警以及开关联动等控制线桥架纳入设计范围。

3. 避让原则

1）有压管让无压管。

2）小管线让大管线。

3）施工简单的避让施工复杂的。

4）冷水管道避让热水管道。

5）附件少的管道避让附件多的管道。

6）临时管道避让永久管道。

各类专业管线安装避让原则见表1-1。

表1-1　各类专业管线安装避让原则

优先管线与避让管线	大管	主干道	无压管	高、低温管	保温管	高压管	水管	非金属管	通风管	长期管	复杂管
	小管	分支管	有压管	常温管	非保温管	低压管	气管	金属管	一般管	临时管	简易管
优先管线与避让管线	检修维护大	原有管	消防管	有污染管	排水管	硬管	给排水	强电	有干扰	易燃易爆	有尘、有毒
	检修维护小	新建管	生活管	无污染管	给水管	软管	强电	弱电	无干扰	常态难燃	无尘、无毒

4. 垂直排列管道原则

1）热介质管道在上，冷介质管道在下。

2）无腐蚀介质管道在上，腐蚀介质管道在下。

3）气体介质管道在上，液体介质管道在下。

4）保温管道在上，不保温管道在下。

5）高压管道在上，低压管道在下。

6）金属管道在上，非金属管道在下。

7）不经常维修管道在上，经常维修管道在下。

5. 管道间距

1）应考虑到水管外壁、空调水管、空调风管保温层的温度。

2）电气桥架、水管外壁距离墙壁的距离，最小有100mm的距离，与梁、柱的净距最小为50mm（在无接头处）；电线管与其他管道的平行净距不应小于100mm。

3）支管段风管距离最小为150mm，如支管段风管沿构造墙需要90°拐弯以及有消声器、较大阀门部件等区域，需根据实际情况确定距墙柱距离。

4）立管管道外壁距柱最小50mm，与墙面的净距见表1-2。

5）管道外壁之间的最小距离不宜小于100mm，管道上阀门不宜并列安装，应尽量错开位置，若必须并列安装时，阀门外壁最小净距不宜小于200mm。

6）不同专业管线间距离应尽量满足现场施工规范要求。

表 1-2　管径范围与净距要求

管径 D 范围	净距要求/mm
$D \leqslant DN32$	$\geqslant 25$
$DN40 \leqslant D \leqslant DN50$	$\geqslant 35$
$DN70 \leqslant D \leqslant DN100$	$\geqslant 50$
$DN125 \leqslant D \leqslant DN150$	$\geqslant 60$

6. 具体规则

布置总则是：尽量错开、并排、向上、紧凑安装，且必须有足够的安装检修高度（空间）。具体来说：

1）应该了解结构专业平面的梁位、两高、板厚等问题。

2）了解建筑天花的控制高度及天花的结构形式。

① 走廊的净空要求通常为：≥2200mm（具体以建筑要求为准）。

② 地下室车库的净空高度要求通常为，车道：≥2400mm（至少不应小于2200mm）；单层车位区：≥2200mm（至少不应小于2000mm）；双层车位区：≥3600mm。

 1.2.2　管线综合的意义

安装工程施工前期利用电子版设计图纸和计算机设计技术，主动针对机电工程的各专业管线位置进行合理的布置，针对各专业施工工序进行合理安排，力求最大限度地实现设计与施工之间的合理衔接，有效地协调各机电专业的有序施工，避免返工浪费，满足和落实建设、监理及设计单位的各项要求，弥补设计的一些遗漏和不足，便捷地开展智能设计。

现在的三维制图软件主要是利用真实管线的真实走向进行定位，从而进行准确建模，进一步实现智能化、可视化的设计流程。建立建筑信息模型，利用整体设计理念，从建筑物的大局观出发，有效、合理地处理给排水、暖通和电气各系统的综合排布，与建筑物模型相关联，为工程师提供更好的视觉效果，从而进行更加深入化、人性化的决策。通过建筑信息模型，工程师可以对建筑设备及管道系统进行深化设计，对建筑性能进行深入分析，充分发挥BIM的竞争优势，促进可持续性设计。

第2章

机电基础命令

2

2.1 Autodesk Revit 2016 界面介绍

2.1.1 用户界面布置

Autodesk Revit 2016 采用 Ribbon 界面，例如，"建筑""结构""系统"等选项卡有自己固定的面板和相应的命令，集中地存放在软件界面上方，而不再是下拉菜单，用户可以针对操作需求，更方便、快速地找到相应的选项卡、面板以及命令，如图 2-1 所示。

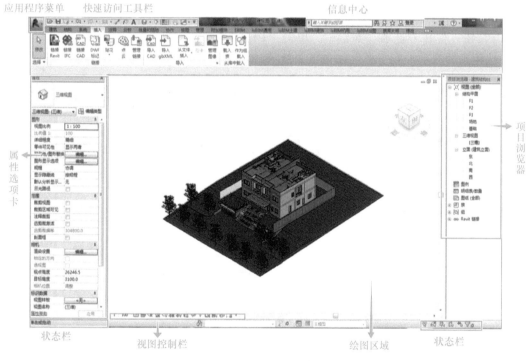

图 2-1

1. 功能区选项卡

Autodesk Revit 2016 通过 Ribbon 把命令都集成在功能区上，直观且便于使用，共包含以下选项卡，具体见表 2-1。

表 2-1 选项卡功能介绍

选 项 卡	功 能 介 绍
建筑	用于构建建筑建模的图元与实体所需要的工具
结构	用于结构设计中结构、基础、钢筋等所需要的工具
系统	用于机电设计中水、暖、电、所需要的工具
插入	导入其他文件的工具

（续）

选　项　卡	功　能　介　绍
注释	将二维信息添加到设计中的工具
分析	用于模型分析和系统核查的工具
体量与场地	用于造型的形成和建筑模型的构成
协作	用于项目协调的工具
视图	用于编辑现有图元、数据和系统的工具
管理	系统参数的管理及设置
附加模块	附加模块应用程序支持往返于 Revit 与 Fab 和 BIM360 协调工作
修改	编辑现有图元、数据和系统的工具

　　用户也可以自定义部分选项卡的可见性。单击█按钮，进入"应用程序菜单"，单击"选项"按钮，打开"选项"对话框。单击"用户界面"，在"工具和分析"中可根据自身需求勾选相关的选项卡和工具，如图 2-2 所示。

图　2-2

2. 用户界面组件

　　单击功能区中的"视图"选项卡，在"窗口"面板中找到"用户界面"按钮，如

图 2-3 所示。单击"用户界面"按钮，通过勾选用户界面中的各复选框，控制相关对话框或窗口的可见性。

有些窗口是可以固定在界面中的，称为"可固定窗口"，如"项目浏览器""属性"选项板、"系统浏览器"和"协调主体"窗口。基本操作如下：

1）固定窗口可移动并调整大小，也可以使窗口浮动或固定。

2）固定窗口与相邻的窗口和工具栏共享一个或多个边，如果移动共享边，则这些窗口将更改形状，可以根据需要将窗口停靠在屏幕上的任意位置。

3）窗口分组是让多个窗口在屏幕上占据相同空间的一种方法。对窗口进行分组之后，每个窗口都出组底部的选项卡表示，如图 2-4 所示，"项目浏览器-某别墅电气"和"属性"选项板已经进行了分组。

图　2-3

图　2-4

① 对可固定窗口分组：单击标题并拖动要添加至另一个窗口或组的窗口标题栏，将此窗口放到接收窗口或组的标题栏上。接收窗口的底部会添加一个新的选项卡，其名称即为被拖动窗口的名称。在组中，单击选项卡可显示对应的窗口。

② 解组可固定窗口：单击要删除的窗口的选项卡并单击该窗口选项卡，将其拖出分组，放下窗口即取消其分组。

4）取消固定的窗口会与应用程序窗口分离。这些窗口可以调整大小及进行分组，通过双击窗口的标题栏可以对该窗口进行快速固定和取消固定。

2.1.2　功能区的基本命令

1. 功能区

1）单击功能区中的 ，可以最小化功能区，扩大绘图区域的面积（或单击 显示完整的功能区）。最小化行为将循环使用下列最小化选项，如图2-5所示。显示完整的功能区：显示整个功能区，如图2-6所示；最小化为面板按钮：显示面板中的第一个按钮，如图2-7所示；最小化为面板标题：显示选项卡和面板标题，如图2-8所示。最小化为选项卡：仅显示选项卡，如图2-9所示。

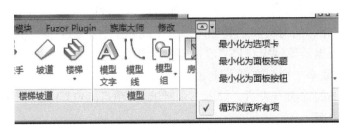

图 2-5

图 2-6

图 2-7

图 2-8

图 2-9

2）单击功能区面板下部的浅灰色区域并按住鼠标左键，可以拖曳该面板放置到Autodesk Revit界面中的任何位置，也可以再次拖曳让该面板回到原来的位置，如图2-10所示。单击功能区面板右下角的对话框启动箭头 ⌐，可以打开相应的对话框。例如，单击"电气"面板右下角的对话框启动箭头，（见图2-11），可打开"电气设置"对话框，如图2-12所示。

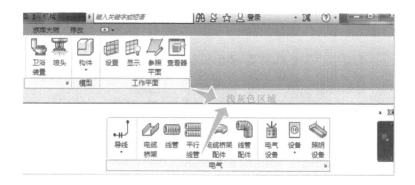

图　2-10

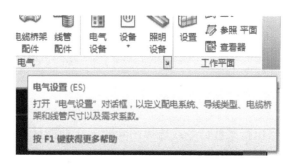

图　2-11

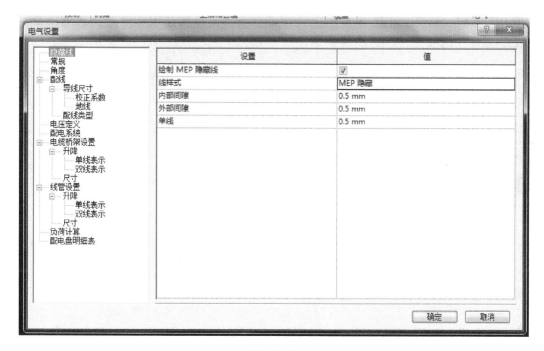

图　2-12

3）如果面板中按钮的底部或右侧部分有箭头，表示可以展开显示更多的工具或选项，如图 2-13 所示。

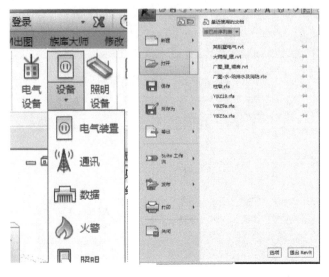

图　2-13

4）上下文选项卡：当执行某些命令或选择图元时，在功能区中会出现某个特殊的上下文选项卡，该选项卡中包含的工具集仅与对应命令的上下文关联。选项栏：在大多数情况下，上下文选项卡同选项栏同时出现或退出。选项栏的内容根据当前命令或选择图元的变化而变化。例如，单击功能区"系统"选项卡下"HVAC"面板中的"风管"按钮，则出现与风管相关联的"修改│放置 风管"上下文选项卡、上下文选项卡中的工具集以及"修改│放置 风管"选项栏，如图 2-14 所示。

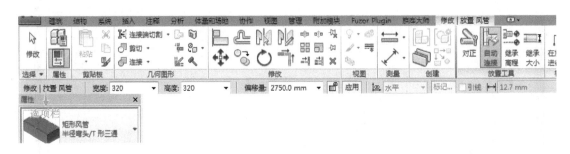

图　2-14

5）功能区工具提示：当鼠标光标停留在功能区的某个工具上时，默认情况下，Autodesk Revit 会显示工具提示，对该工具进行简要说明，若光标在该功能区上停留的时间稍长些，会显示附加信息，如图 2-15 所示。

2. 应用程序菜单

单击 ![] 按钮，展开应用程序菜单，如图 2-16 所示。

3. 快速访问工具栏

快速访问工具栏默认放置了一些常用的命令和按钮，如图 2-17 所示。单击"自定义快速

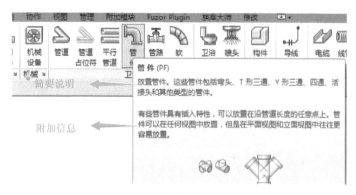

图　2-15

图　2-16

访问工具栏"中的  （见图2-18），可查看工具栏中的命令，勾选或取消勾选以显示或隐藏命令。要向"快速访问工具栏"中添加命令，可单击鼠标右键功能区面板中的按钮，单击"添加到快速访问工具栏"按钮，如图2-19所示。反之，单击鼠标右键"快速访问工具栏"中的按钮，单击"从快速访问工具栏中删除"按钮，可将该命令从"快速访问工具栏"中删除，如图2-20所示。

图　2-17

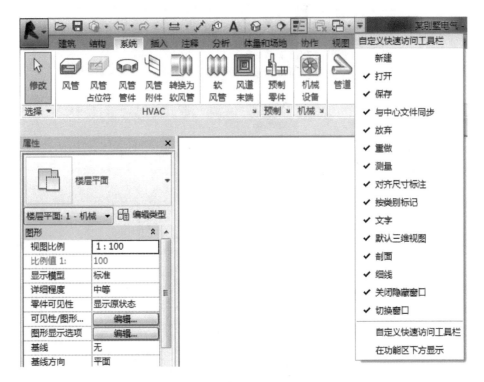

图 2-18

图 2-19

图 2-20

注意：用户可单击"自定义快速访问工具栏"按钮，在弹出的对话框中对命令进行排序、删除，如图 2-21 所示。

4. 项目浏览器

项目浏览器用于显示当前项目中的所有视图、明细表、图纸、族、组、链接的 Revit 模型和其他部分的逻辑层次。展开和折叠各分支时，将显示下一层项目。选中某视图并单击鼠标右键，打开相关下拉菜单，可以对该视图进行"复制""删除""重命名"等相关操作，如图 2-22 所示。

5. 系统浏览器

在系统浏览器中，按照分区或者系统显示项目中各系统的组成和关系，清晰列出各个规程的所有构件的层级列表。另外，用户还可以快速找到未指定给分区的空间或未指定给系统的图元。用户可以通过以下两种方式启动系统浏览器：

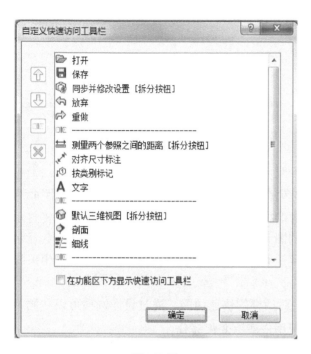

图　2-21

图　2-22

1）单击功能区中"视图"→"用户界面"，勾选"系统浏览器"复选框，如图 2-23 所示。

图　2-23

2）按快捷键 <F9> 直接打开系统浏览器。

6. 状态栏

状态栏位于 Revit 应用程序框架的底部。使用当前命令时，状态栏左侧会显示相关的一些技巧或者提示。例如，执行"旋转"命令，状态栏会显示有关当前命令的后续操作，提示"单击输入旋转起始线或拖动或单击旋转控制中心点"，如图 2-24 所示。图元或构件被选中高亮显示时，状态栏会显示族和类型的名称。

状态栏右侧还显示了一些内容（见图 2-25），具体介绍如下。

图 2-24

图 2-25

1）工作集：状态栏还提供对工作共享项目的"工作集"对话框的快速访问。单击 按钮，弹出"编辑请求"对话框（通常处于灰色不可用状态，即 ），与中心文件同步并放弃所请求的图元时，存在一个暗含的批准过程，当团队成员请求图元时，将显示一个通知对话框，其中显示项目名称、请求的图元和请求图元的团队成员。该对话框会显示 30s 的时间，对话框消失后，用户要处理未解决请求时可以通过"编辑请求"进行相关操作，如图 2-26 所示。

2）设计选项 ：提供对"设计选项"对话框的快速访问，通过设计选项可以在同一模型文件中创建不同的备选设计方案，并方便用户演示变化部分。

3）图元选择工具：根据不同条件选择图元，如图 2-27 所示。

图 2-26   图 2-27

4）过滤器 ：显示选择的图元数，方便用户在视图中通过图元类别来选择图元。选中多个图元后，单击"过滤器"按钮，可在"过滤器"对话框中挑选所要选择的类别，该功能区中的过滤器功能相同，如图 2-28 所示。

图 2-28

要隐藏状态栏或者状态栏中的工作集和设计选项，可单击功能区中的"视图"选项卡→"窗口"面板→"用户界面"按钮，在"用户界面"下拉菜单中取消相关的勾选标记即可。

7. "属性"选项板

Revit 默认将"属性"选项板显示在界面左侧。通过"属性"选项板可以查看和修改图元的属性参数，如图 2-29 所示。

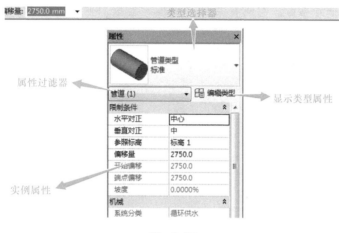

图　2-29

启动"属性"选项板有以下 3 种方式：

1）单击功能区中的"属性"按钮，打开"属性"选项板，如图 2-30 所示。

2）单击功能区中的"视图"选项卡→"窗口"面板→"用户界面"按钮，在"用户界面"下拉菜单中勾选"属性"复选框，如图 2-31 所示。

3）在绘图区域空白处单击鼠标右键，在弹出的快捷菜单中选择"属性"命令，如图 2-32所示。

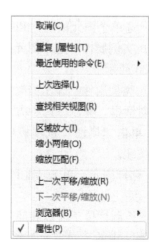

图　2-30　　　　　　　　　图　2-31　　　　　　　　　图　2-32

"属性"选项板包含以下几个重要的部分：

（1）类型选择器　用于标识当前选择的族类型，并提供一个可从中选择其他类型的下拉列表。如风管族，在类型选择器的"属性"面板中会显示当前的风管主类型为"矩形风管：半径弯头/T 形三通"，在下拉菜单中显示出所有类型的矩形风管，如图 2-33 所示。通过类型选择器可以指定和替换图元类型。

注意：如果为节省界面，空间将关闭"属性"面板，可以通过单击鼠标右键类型选择器，把它添加到"快速访问工具栏"或者功能区的"修改"选项卡中，如图 2-34 所示。

图　2-33　　　　　　　　　　　　　　　图　2-34

（2）属性过滤器　框选任意图元，属性过滤器可以标识所选多个图元的数量，或者即将放置和所选单个图元的类别和数量，如图 2-35 所示。

（3）实例属性　选中图元时，显示所选图元的实例属性；否则标识项目当前视图属性，如图 2-36 所示。

（4）类型属性　显示当时视图或者所选图元的类型参数，如图 2-37 所示，进入"类型属性"对话框，有以下两种方式：

1）单击"属性"选项板中的"编辑类型"按钮，选择图元，单击功能区中的"类型属性"按钮。

2）选择图元，单击功能区中的"类型属性"按钮，如图 2-38 所示。

8. 视图控制栏

视图控制栏位于窗口底部三维视图下，控制栏中命令最多，如图 2-39 所示。用户可单击"比例"中的"自定义"按钮，自定义当前视图的比例，但不能将此自定义比例应用于该项目中的其他视图。

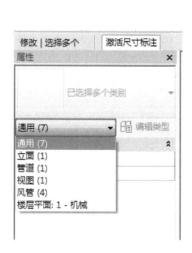

图　2-35　　　　　　　　　　　　　　　图　2-36

图　2-37

图　2-38

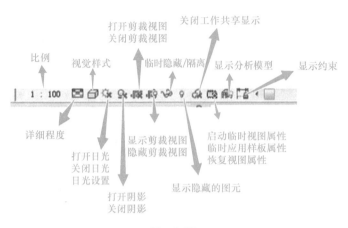

图　2-39

9. 绘图区域

显示项目的视图（平面、立面、明细表及报告等），如图 2-40 所示。使用快捷键 < W + T > 可以平铺所有打开的视图。

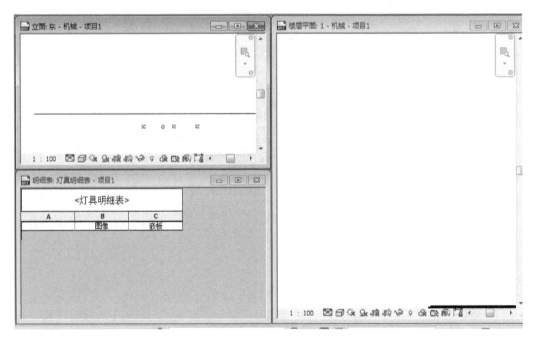

图　2-40

10. 导航栏

导航栏用于访问导航工具，包括全导航控制盘和区域放大、缩小、平移等命令，可调整窗口中的可视区域，如图 2-41 所示。

11. 信息中心

用户可以使用信息中心搜索信息，速博用户可以单击"速博中心"访问速博服务，一般用户可以单击"通信中心"按钮访问产品更新，也可以单击"收藏夹"按钮访问保存的主题，如图 2-42 所示。

12. View Cube

View Cube 旋转或者中心定向视图，如图 2-43 所示。

图　2-41　　　　　　　　　　图　2-42　　　　　　　　　　图　2-43

2.2　文件格式

1. 基本的文件格式

Revit 基本的文件格式有以下 4 种：

（1）rte 格式　Revit 项目样板文件格式，包含项目单位、标注样式、文字样式、线型、线宽、线样式、导入/导出设置等内容。为规范设计和避免重复设置，Revit 自带项目样板文件，根据用户自身的需求，内部标准先行设置，并保存成项目样板文件，作为今后新建项目文件的项目样板。

Revit 自带的项目样板文件如下。

1）Systems DefaultCHisCHs. rte：设置针对暖通、给排水和电气设计。

2）Meehenel Defaultciscis. ter：设置针对暖通设计。

3）Plumbing- DefauliCHSCHS. rte：设置针对给排水设计。

4）Electrical- DefaultCHSCHS. rte：设置针对电气设计。

"文件位置"选项卡（见图 2-44）预定义了各种类别文件的设置和默认位置。这里着重介绍一下"项目样板文件"和"放置"。

"项目样板文件"的设置决定了在"最近使用的文件"窗口和"新建项目"对话框列出的项目样板文件。可以根据实际使用需要，添加、删除和修改默认的项目样板。例如，如果要添加一个"样板"，单击"添加值"按钮➕，在"浏览样板文件"对话框中选择"C：\ProgramData\Autodesk\RVT 2016\Templates\China"，单击"打开"按钮，这个样板就被添加到列表中，将"名称"修改为"给排水样板"（默认的"名称"是原 rte 格式文件名），如图 2-45 所示。

再次运行软件时，"最近使用的文件"窗口（见图 2-46）和"新建项目"对话框（见图 2-47）中都会出现这个新添加的样板文件。

（2）rvt 格式　Revit 的项目文件格式，包含项目的模型、注释、视图、图纸等项目内容。通常基于项目样板文件（rte 文件）创建，编辑完成后保存为 rvt 文件，作为设计所用的项目文件。

图 2-44

图 2-45

图 2-46

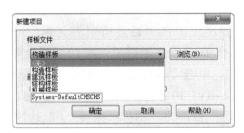

图 2-47

（3）rfa 格式　该格式为 Revit 外部族的文件格式。所有的电器设备、机械设备、给排水设备、管道配件、管道附件等族库文件都以该文件格式存在。设计师可以根据项目需要创建自己的常用族文件，以便随时在项目中调用。

（4）rft 格式　该格式为创建 Revit 外部族的样板文件格式。创建不同的构建族、注释符号族、标题栏要选择不同的族样板文件。

2. 支持的其他文件格式

在项目设计、管理时，用户经常会使用多种设计、管理工具来实现自己的意图，为了实现多软件环境的协同工作，Revit 提供了"导入""链接""导出"工具，可以导入、链接、导出各种文件格式。下面介绍几种可以被 Revit 导入、链接或者导出的文件格式。

（1）CAD 格式　当导入或链接 dwg 文件时，Revit 将显示嵌套外部参照的几何图形，但导入和链接 CAD 还是有所区别的，如图 2-48 所示。

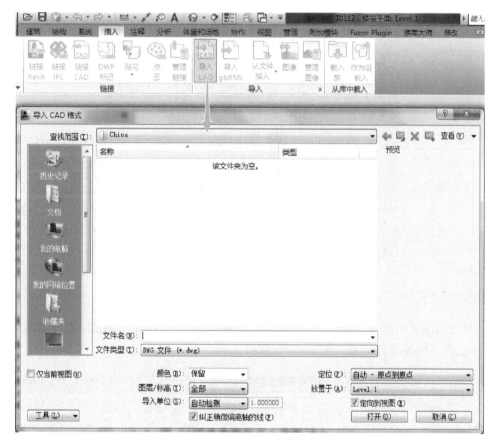

图　2-48

1）导入 CAD：可将导入的 dwg 文件分解，但是如果在导入后更新 DWG 文件，则 Revit 不会同步更新修改。

2）链接 CAD：不能将链接的 dwg 文件分解。但当导入的 dwg 文件有更新时，可同步更新。

（2）ACIS 对象　ACIS 对象包含在 dwg、dxf 和 sat 文件中，用于描述实体或经过修剪的表面。在导入 ACIS 对象时，Revit 支持平面、球面、圆环面、圆柱、圆锥、椭圆柱、椭圆锥、拉伸表面、旋转表面、NURB 表面等类型。

（3）ADSK 格式　ADSK 格式是一种基于 xml 的数据交换格式。它可以在 Inventors、Revit、AutoCAD、AutoCAD Architecture 等软件之间进行数据交互。在 Revit 中可以通过以下两种方式导入 ADSK 格式的文件：

1）单击 按钮→"打开"→"建筑构件"，如图 2-49 所示。

图 2-49

2）单击功能区中的 "系统"→"构件"→"放置构件"，然后在 "修改｜放置 构件"→"载入族" 中选择 ADSK 文件即可，如图 2-50 所示。

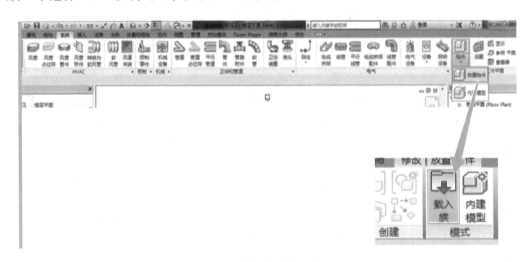

图 2-50

（4）IFC 格式　IFC 的全称是 Industry Foundation Class。它是行业基础类的文件格式，

是由国际协同网工作联盟（IAD）组织制订的建筑工程数据交换标准，为不同软件应用程序之间的协同问题提供解决方案。IFC 模型包含项目、地点、建筑、楼层等建筑分级，墙、板、柱、梁等元素类型，以及材料、标准、属性等信息。

单击"应用程序菜单"按钮→"打开"→"IFC"，打开选择的 IFC 文件，或者单击"应用程序菜单"按钮→"导出"→"IFC"，导出 IFC 文件，如图 2-51 所示。通过 IFC 文件的导入导出，Revit、AutoCAD、MagCAD、Bentley 等软件之间可实现资源共享。

图 2-51

（5）图片 导入 bmp、png 等格式的光栅图像。单击功能区中的"插入"选项卡→"图像"按钮即可，而图片也只能在"管理图像"中删除，如图 2-52 所示。

图 2-52

（6）gbXML 文件 其中 gb 是 Green Bulding 的缩写，XML 是 Exensible Markup Language 的缩写，gbXML 就是绿色建筑可扩展的标记语言，包含了项目所有的建筑构件数据。

单击功能区中的"插入"选项卡→"导入 gbXML"按钮，如图 2-53 所示，可以导入 gbXML 文件。

图 2-53

　　导入超过 10000 个图元的 dwg 文件，则不能被分解，导入的 dwg 文件分解后可以在Revit 中进行编辑；而链接 dwg 只能作为底图使用。完全分解后，导入符号将直接分解为 Revit 文字、曲线、线条和填充区域。

　　Revit 不支持 SketchUp 文件的链接，在 Revit 中导入 skp 文件前，应在 SketchUp 中完成设计。

　　对于 ACIS 对象中的 NURB 表面类型，在导入 Revit 时，需要导入 Revit 常规模型族或体量族中。

　　ADSK 文件不能在 Revit 中进行修改，且无法打开与更高版本的 Revit 相关联的 ADSK 文件。

　　不同的文件格式导入的几何图形质量存在差异，这同文件类型和导入设置有关。

2.3　项目设置

　　除了上述视图设置外，还有其他一些重要的项目设置，包括项目信息、参数、单位、文字、标记、尺寸标注、对象样式的设置。

2.3.1　项目信息

　　单击功能区中的"管理"选项卡→"项目信息"按钮，在打开的"项目属性"对话框中输入相关项目信息，如图 2-54 所示。

图　2-54

1）对"标识数据"和"其他"栏下的参数进行编辑，如"项目状态""项目地址"等，用于图纸上的标题栏。

2）在"能量分析"栏下，单击"能量设置"参数右边的"编辑"按钮，打开"能量设置"对话框，如图2-55所示，对"通用""详图模型""能量模型"栏下的参数进行编辑，这些参数同负荷计算及导出gbXML关联。

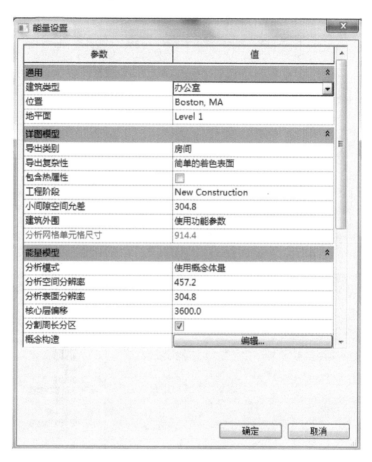

图　2-55

2.3.2　项目参数

项目参数是定义后添加到项目的参数。项目参数仅应用于当前项目，不出现在标记中，可应用于明细表中的字段选择。

单击功能区中的"管理"选项卡→"项目参数"按钮，在"项目参数"对话框中，可添加新的项目参数，修改项目样板中已提供的项目参数或删除不需要的项目参数，如图2-56所示。

单击"添加"或"修改"按钮，在打开的"参数属性"对话框中进行编辑，如图2-57所示。

1）名称：输入添加的项目参数名称，软件不支持下画线。

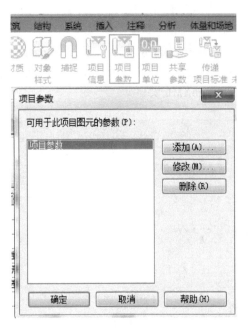

图　2-56

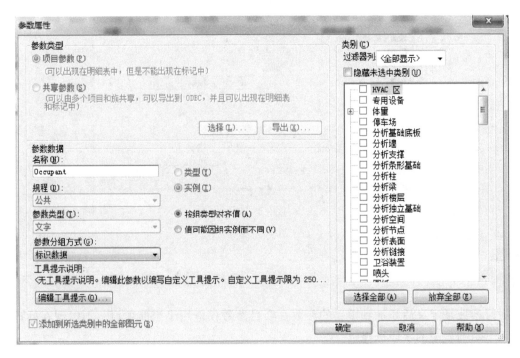

图　2-57

2）规程：定义项目参数的规程。共 6 个规程可供选择：公共、结构、HVAC、电气、管道、能量。

3）参数类型：指定参数的类型，不同的参数类型有不同的特点和单位。

4）参数分组方式：定义参数的组别。

5）工具提示说明：编写自定义工具提示。

6）实例/类型：指定项目参数属于"实例"或"类型"。

7）类别：决定要应用此参数的图元类别，可多选。

 2.3.3 项目单位

项目单位用于指定项目中各类参数单位的显示格式。项目单位的设置直接影响明细表、报告及打印等输出数据。

单击功能区中的"管理"选项卡→"项目单位"按钮，打开"项目单位"对话框，按照不同的规程（公共、结构、HVAC、电气、管道、能量）进行设置，如图2-58所示。

例如，选择规程"HVAC"，单击"HVAC"下拉菜单中的"功率"，打开功率的"格式"对话框，用户可以选择符合当前项目标准的单位进行编辑，如图2-59所示。

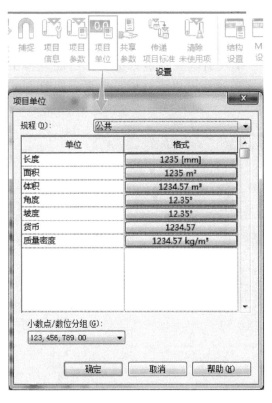

图　2-58

图　2-59

1）单位：可选择"瓦""千瓦"或者"千卡/秒"等。

2）舍入：数字可以选择圆整到千位、百位、个位或者保留小数位。也可以在右侧的"舍入增量"文本框中自定义。

3）单位符号：可以选择显示单位，也可以选择不显示单位。例如，不选择显示单位时，在"HVAC"下拉菜单中的"功率"格式上显示的"KW"是用中括号括起来的。

4）消除后续零：勾选此复选框，将不显示后续零，例如，123.400 将显示为 123.4。

5）消除零英尺：勾选此复选框，将不显示零英尺，例如，0′-4″将显示为 4″。

6）正值显示"＋"：勾选此复选框，将在正数前加"＋"。例如，45 将显示为 +45，此项可用于"长度"及"坡度"单位。

7）使用数位分组：勾选此复选框，将数字用","分位。例如，1234 将显示为 1，234。

8）消除空格：勾选此复选框，将消除英尺和分式英寸两侧的空格。例如，1′-2″将显示为 1′2″，此项可用于"长度"及"坡度"单位。

2.3.4 文字

项目中有两种文字，一种是在"注释"面板下的文字，是二维的系统族；另一种是在"建筑"面板下的模型文字，是基于工作平面的三维图元。

1）文字：写在二维视图上的文字，属于系统族。

① 添加文字。单击功能区中的"注释"选项卡→"文字"按钮，功能区的最右侧会出现相关的文字工具集，可以添加直线引线、弧线引线或者多根引线，还能编辑引线位置、编辑文字格式及查找替换功能。对于英文单词还可以进行拼写检查，如图 2-60 所示。

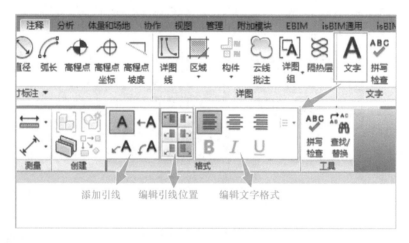

图 2-60

② 文字属性。单击功能区中的"注释"选项卡→"文字"面板右边的箭头按钮，弹出"类型属性"对话框，对文字的颜色、字体、大小等进行编辑，如图 2-61 所示。

2）模型文字：基于工作平面的三维图元用于建筑结构上的标志或字母。

单击功能区中的"建筑"选项卡→"模型文字"按钮，在打开的"编辑文字"对话框中输入文字，放置在上面，如图 2-62 所示。

图　2-61

图　2-62

　标记

标记是用于在图纸上识别图元的注释，与标记相关联的属性会显示在明细表中。简而言之就是设计中常用的标注，如风管标高标注和散流器标注，如图2-63所示。

单击功能区中的"注释"选项卡→"标记"面板旁边的下拉菜单,单击"载入的标记和符号",如图 2-64 所示。

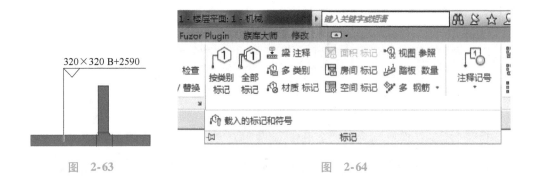

图 2-63　　　　　　　　　　　　　　　　　图 2-64

打开"载入的标记和符号"对话框,该对话框列出了不同的族类别和所有的关联标记或符号,如图 2-65 所示。在"载入的标记和符号"对话框中可以查看已载入的标记,项目不同,已载入默认的标记也不同,用户也可以通过单击右上方的"载入族"按钮,载入新的标记。

图　2-65

同一个图元类别可以有多个标记,用户可以选择其中一个作为图元的默认标记。例如,"空间"类别,可以看到有 3 个标记类型,当选择"空间标记:使用面积的空间标记"为默认标记时,在视图中标记空间时,就显示空间名称、空间编号及空间面积,如图 2-66 所示。

"注释"选项卡"标记"面板上包含了"按类别标记""全部标记""梁 注释""多 类别""材质 标记"等按钮,如图 2-67 所示。下面对"按类别标记""全部标记""多 类别"标记和"材质 标记"做简单说明。

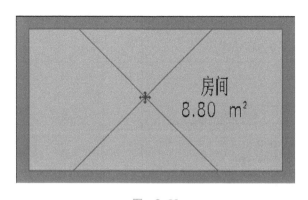

图　2-66　　　　　　　　　　　　　　　图　2-67

1）按类别标记：按照不同的类别对图元进行标记。例如，标记风管，需要先载入风管的标记族，标记风管专有属性相关的信息。单击功能区上的"按类别标记"按钮，选择视图中所需的标记风口图元，可以在"修改|标记"选项栏中定义水平显示和垂直显示，以及是否需要引线等，如图 2-68 所示。

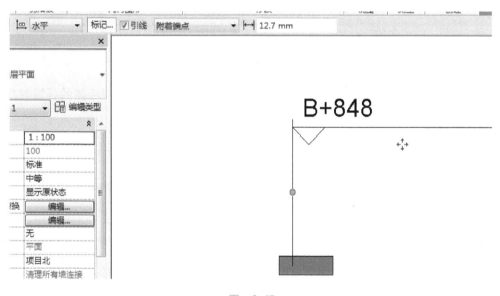

图　2-68

2）全部标记：对视图中未标记的图元做统一标记，单击"全部标记"按钮后，打开"标记所有未标记的对象"对话框，可以选择标记"当前视图中的所有对象"还是"仅当前视图中的所选对象"或者"包括链接文件中的图元"，选定后再选择一个或者多个标记类别，通过一次操作可以标记不同类型的图元。例如，选中"当前视图中的所有对象"单选按钮，并选择"风管尺寸标记：标高和尺寸"及"散流器标记：矩形标记"，不勾选"引线"复选框，如图 2-69 所示，单击"确定"按钮后，当前视图中的"风管"及"矩形散流器"都被标记。

3）多 类别：对当前视图中未标记的不同类别的图元标记共有的信息，单击"多 类别"

图 2-69

按钮后，逐个单击当前视图中所需要标记的图元即可。例如，可以使用"多 类别"标记不同图元的族名称，如图 2-70 所示。

4）材质 标记：可以标识用于图元和图元层的材质类型。例如，对墙体的各层材质进行标记，如图 2-71 所示。

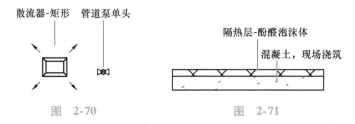

图 2-70   图 2-71

在 Revit 中，还可以在 3D 视图中对图元进行标记。切换到 3D 视图，在"视图"选项卡中单击 按钮，选择"保存方向并锁定视图"选项，在打开的"重命名要锁定的默认三维视图"对话框中，填入相应的 3D 视图名称，如"3D 管道标记"，即可在"3D 管道标记"视图中对管道图元标记，如图 2-72 所示。

2.3.6 尺寸标注

尺寸标注是项目中显示距离和尺寸的视图专用图元。有两种尺寸标注类型：一种是临时尺寸标注，一种是永久尺寸标注，本节详细介绍永久性尺寸标注。

1. 各类尺寸标注

永久性尺寸标注是特意放置的尺寸标注。单击功能区中的"注释"选项卡，在"尺寸

图 2-72

标注"面板中可以看到有"对齐""线性""角度""径向""直径""弧长""高程点""高程点 坐标"及"高程点 坡度"不同的尺寸标注,如图 2-73 所示。

1)对齐:放置在两个或两个以上平行参照点之间。选中"对齐"标注后,在下方会出现"修改|放置尺寸标注"的选项栏,当选择"参照核心层表面"选项时,将光标放置在某图元上时,首先会捕捉到参照核心层面。拾取单个参照点时,利用 <Tab> 键,可以在不同参照点之间循环切换,如图 2-74 所示。

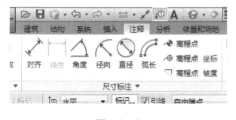

图 2-73

图 2-74

2)线性:放置在选定点之间,尺寸标注一定是水平或垂直对齐的。

3)角度:标注两线间的角度。

4)径向:标注圆形图元或弧形墙半径。

5)直径:标注圆形图元或弧形墙直径。

6)弧长:可以对弧形图元进行尺寸标注,获得弧形图元的总长度。标注时,要先选择所需标注的弧,然后选择弧的两个端点,最后将光标向上移离开弧形图元。

7）高程点：显示选定点或者图元的顶部、底部或者顶部和底部高程，可将其放置在平面、立面和三维视图中。

8）高程点 坐标：高程点坐标会报告项目中点的"北/南"和"东/西"坐标。除坐标外，还可以显示选定点的高程和指示器文字。

9）高程点 坡度：显示模型图元的面或者边上的特定点处的坡度，可以在平面视图立面和视图剖面中放置。

各类标注在视图中的显示如图 2-75 所示。

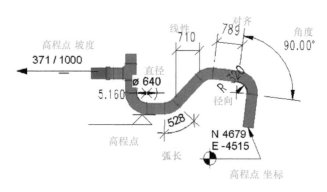

图　2-75

2. 尺寸标注编辑

1）属性编辑：单击"尺寸标注"，在相关的"实例属性"和"类型属性"对话框中，对其引线、文字、标注字符串类型等参数值进行编辑，例如，线性尺寸标注如图 2-76 所示。

图　2-76

不同的尺寸标注有不同的尺寸标注类型可供选择，例如，高程点尺寸标注，在"属性"选项板的类型选择器中有多种高程点尺寸标注类型可供选择，如图 2-77 所示。

2）锁定：单击某个尺寸标注，在标注下方会出现一个锁形控制柄，单击锁可以锁定或者解锁尺寸标注。锁定后，不能对尺寸标注进行修改，需要解锁才能修改。

3）替换尺寸标注文字：选中已放置的尺寸标注后，再单击尺寸值，打开"尺寸标注文字"对话框，可以在永久性尺寸标注值的上方、下方、左侧或者右侧添加补充文字，或者用文字替换现有的尺寸标注值，如图 2-78 所示。对于替换尺寸标注文字，当选中"以文字替换"单选按钮时，不可以加"前缀"和"后缀"，只有在选中"使用实际值"单选按钮时，才允许在数值的上、下、左、右加文字。

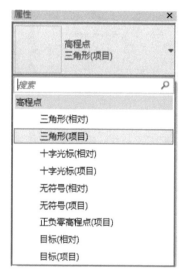

图　2-77　　　　　　　　　　　　　　　图　2-78

2.3.7　对象样式

对象样式为项目中的模型对象、注释对象、分析模型对象和导入对象的不同类别和子类别指定线宽、线颜色、线型图案及材质。单击功能区中的"管理"选项卡→"对象样式"按钮，打开"对象样式"对话框，如图 2-79 所示，可以新建子类别，自定义新建子类别的线宽、线颜色、线型图案及材质，也可以删除或者重命名现有的子类别。

1. 线宽

单击功能区中的"管理"选项卡→"其他设置"面板→"线宽"按钮，在打开的"线宽"对话框中，可以对模型线宽、透视视图线宽和注释线宽进行编辑，如图 2-80 所示。

1）模型线宽：指定正交视图中模型构件（如风管、水管和线管）的线宽，随视图的比例大小变化。

2）透视视图线宽：指定透视视图中模型构建的线宽。

3）注释线宽：用于控制注释对象，如剖面线和尺寸标注线的线宽。

图　2-79

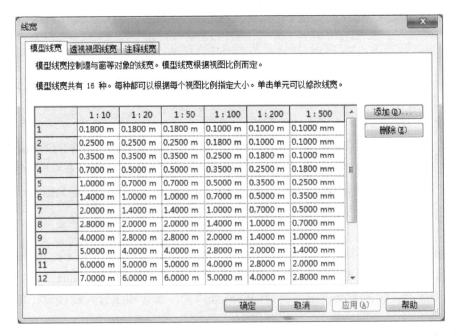

图　2-80

透视视图线和注释线与视图比例没有关系。

2. 线颜色

对各类不同图元设置不同的颜色。

3. 线型图案

单击功能区中的"管理"选项卡→"其他设置"面板→"线型图案"按钮，在打开的"线型图案"对话框中，可新建线型图案，也可以对现有线型图案进行编辑、删除及命名，如图 2-81 所示。

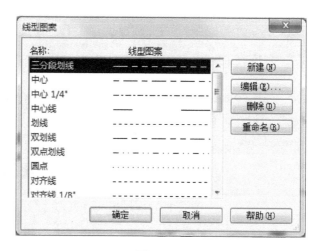

图　2-81

4. 材质

材质不仅指定模型图元在视图和渲染图像中的显示方式，还提供外观、图形、热量和物理信息。用户既可以使用软件提供的材质，也可以自定义材质。

（1）材质浏览器　单击功能区中的"管理"选项卡→"材质"按钮，打开"材质浏览器"对话框，如图 2-82 所示。

材质浏览器包含了项目材质列表、库列表、库材质列表、材质编辑器工具栏以及材质编辑器面板。材质库是材质和相关资源的集合。Autodesk 提供了一些库，其他的则由用户创建。通过材质浏览器，用户可以查找和管理材质。在"材质浏览器"对话框中，如图 2-83所示进行编号，分别介绍如下。

①"显示/隐藏库"面板按钮□和项目材质设置菜单按钮▤：这两个按钮可以修改项目材质的视图和库面板。

②项目材质列表：无论材质是否用于项目都可以在当前项目中显示。在材质上单击鼠标右键，可以访问常规任务菜单，如编辑、复制以及添加到库中。

③"显示/隐藏库树状图"面板按钮□和库设置菜单▤：这两个按钮可以修改库及材质的显示方式。

④库列表：显示打开的库和库内的类别。

⑤库材质列表：显示库中的材质或库列表中选定的类别。

如果要将材质添加到当前项目中，有以下几种方法。

图 2-82

图 2-83

方法1：双击库材质列表中的材质。

方法2：将材质从库材质列表拖放到项目材质列表。

方法3：在材质上单击鼠标右键，在弹出的快捷菜单中选择"添加到"→"文档材质"选项，如图2-84所示。

方法4：选择库材质列表中的材质，单击位于材质右侧的"将材质添加到文档中"按钮或者"将材质添加到文档并显示在编辑器中"按钮，如图2-85所示。

图　2-84

图　2-85

如果要将材质复制到库中，有以下几种方法。

方法1：将材质拖放到库中。

方法2：在材质上单击鼠标右键，在弹出的快捷菜单中选择"添加到"→"收藏夹"选项。

⑥ 材质编辑器工具栏：提供了一些控件，管理库按钮 ，新建或复制现有材质按钮 ，打开或关闭资源管理器按钮 。

⑦ 材质编辑器：当在库列表中选中某个材质时，编辑器中会显示与此材质相关联的资源选项卡，可以查看该材质的特性和资源，如图2-86所示。

（2）材质编辑器　在"材质编辑器"中可查看和编辑材质的特性和资源。在打开的"材质编辑器"对话框中包含资源选项卡、缩略图选项菜单以及特性面板等，如图2-87所示编号，分别介绍如下。

① 资源选项卡：资源选项卡可以查看和管理材质的信息和特性。软件中一共有5种资源选项卡。

标识：提供有关材质的常规信息，如说明、制造商和成本数据。

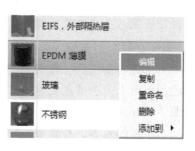

图　2-86

图形：可修改材质在着色视图中显示的方式以及材质外表面和截面在其他视图中显示的方式。

外观：用于控制材质在渲染中的显示方式。

物理：提供在建筑的结构分析中所需要的信息。

热量：提供在建筑的热分析中所需的信息。

在"外观""物理"或者"热量"选项卡上单击鼠标右键可以访问常规任务菜单，如复制、替换以及删除等。

②"替换此资源"按钮 和"复制此资源"按钮 ：用于替换和复制当前资源，仅适用于"外观""物理"和"热量"选项卡。

图 2-87

③ 缩略图选项菜单：仅使用于"外观"选项卡，该缩略图图像旁边的下拉菜单会显示一个选项列表，用于控制缩略图的渲染质量和外观，如图 2-88 所示。

④ 特性面板：用于显示和管理选定资源的详细特性。

（3）资源浏览器　资源浏览器用于管理、查看和选择可用的资源，使用资源浏览器可找到新资源并添加到材质或替换现有材质资源，在"材质编辑器"工具栏上单击 按钮，打开"资源浏览器"对话框，如图 2-89 所示。

对于现有的资源，在资源上单击鼠标右键可以进行替换或者添加，单击位于资源右侧的"使用此资源替换编辑器中当前资源"按钮可以进行替换。

对于新的资源，在资源上单击鼠标右键可以进行添加，单击位于资源右侧的"使用此资源添加编辑器中当前资源"按钮同样可以进行添加，如图 2-90 所示。

图 2-88

2.3.8　传递项目标准

使用"传递项目标准"工具将项目标准从某一项目文件传递到另一项目文件。

项目标准包括族类型（只包括系统族，而不是载入的族）、线宽、材质、视图样板、对象样式、机械设置、电气设置、标准样式、颜色填充方案和填充样式以及打印设置。

传递项目操作方法是：同时打开两个项目文件，在要复制的项目文件中，单击功能区中的"管理"→"传递项目标准"，打开"选择要复制的项目"对话框，如图 2-91 所示。

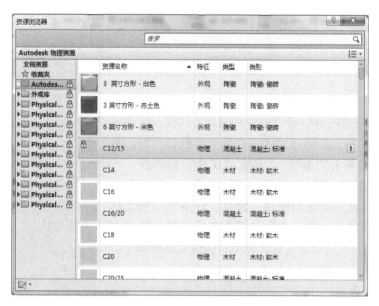

图 2-89

图 2-90

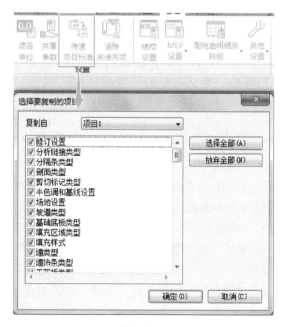

图 2-91

2.4 视图属性

视图有多种属性，如视图比例、规程、详细程度和可见性设置等。单击视图绘图区域空白处，在"属性"选项板中可以查看和编辑视图属性，如图 2-92 所示。如果"属性"选项板没有打开，则在视图绘图区域或空白处单击鼠标右键，在弹出的快捷菜单中单击"属性"，激活"属性"选项板。

对当前视图属性的修改仅对当前视图起作用，如果要统一修改多个视图或使一类视图保持一致性，应使用"视图样板"功能。"视图样板"是一系列的视图属性，统一配置和应用"视图样板"，有利于提高设计效率和实现文档标准化。

2.4.1 视图样板

视图样板是视图属性的集合，视图比例、规程、详细程度等都包含在视图样板中。在视图样板中编辑视图属性，再应用到各个相关视图可以帮助统一项目标准以及提高设计效率。Revit 提供了多个视图样板，用户可以直接使用，或者基于这些样板创建自己的视图样板。

1. 管理视图样板

单击功能区中的"视图"选项卡→"视图样板"面板中的"管理视图样板"按钮，打开"视图样板"对话框，如图 2-93 所示。在"规程过滤器"和"视图类型过滤器"下拉列表框中选择"〈全部〉"选项，显示所有的默认视图样板，选择要设置的默认视图样板，并在右侧的"视图属性"列表中进行设置，设置完成后单击"确定"按钮关闭对话框即可。

图 2-92

2. 将样板属性应用于当前视图

单击功能区中的"视图"选项卡→"视图样板"面板中的"将样板属性应用于当前视图"按钮，选择一个视图样板，单击"确定"按钮，样板属性即可应用到当前视图中。也可在当前视图的"属性"选项板中选择一种视图样板作为默认视图样板，如图 2-94 所示。

如果对当前视图指定了"视图样板"，则当前"视图样板"对话框中很多的视图属性条目为灰色，即处于不可编辑状态，如"视图比例"和"详细程度"等选项。此时，如果要自定义当前视图，有两种方法：

1）在"视图样板"下拉列表框中选择"无"选项，取消对视图样板的定义，原灰色的属性条目即变为高亮可编辑状态。

2）打开"视图样板"对话框，在"机械平面"的视图属性中，取消勾选参数，如

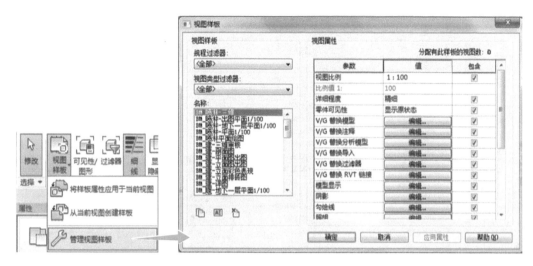

图 2-93

"视图比例"和"详细程度"选项,如图 2-95 所示,即使当前视图应用了视图样板,因为这两个属性不包含在样板设置中,故它们仍可被编辑。

3. 从当前视图创建样板

有以下两种方法从当前视图创建样板:

1)选择要从中创建视图样板的视图,单击功能区中的"视图"选项卡→"样板视图"面板中的"从当前视图创建样板"按钮,在"新视图样板"对话框中输入样板的名称,然后单击"确定"按钮。此时显示"视图样板"对话框,根据需要设置属性值后,单击"确定"按钮。

2)选择要从中创建视图样板的视图。在视图控制栏上,如图 2-96 所示,单击"视觉样式"→"图形显示选项",在"图形显示选项"对话框中根据需要设置属性值,单击"另存为视图样板"按钮,在"新视图样板"对话框中输入样板的名称,然后单击"确定"按钮。此时显示"视图样板"对话框,根据需要设置属性值后,单击"确定"按钮。

图 2-94

4. 临时视图样板

使用"临时视图样版"功能可对当前视图进行临时的视图属性设置,即使当前视图已经应用某一视图样板,也能启动临时视图样板属性。

在视图控制栏上,单击"临时视图属性"按钮 ▣,如图 2-97 所示。

① 启用临时视图属性:单击该选项,进入临时视图模式。

② 临时应用样板属性:打开"临时应用视图样板"对话框,在其中可以应用、指定和创建视图样板。

③ 最近使用的模板:显示最近使用的 5 个视图样板。选择一个以将其重新应用于临时视图。

④ 恢复视图属性:单击该选项,退出临时视图模式并启用原视图属性。

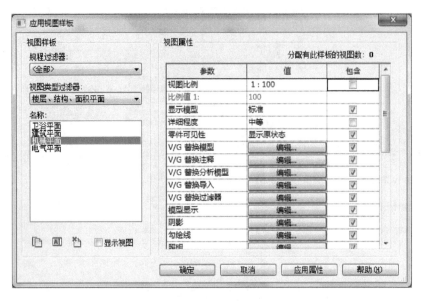

图 2-95

图 2-96

图 2-97

2.4.2　视图范围

每个楼层平面和天花板平面视图都具有"视图范围",该属性也称为"可见范围"。视图范围是可以控制视图中对象的可行性和外观的一组水平平面。

在"视图样板"对话框中单击"视图范围"按钮,打开"视图范围"对话框。

"视图范围"对话框中包含"主要范围"中的"顶""剖切面""底"和"视图深度"中的"标高"。

① 顶:设置主要范围的上边界的标高。根据标高和距此标高的偏移定义上边界。图元根据其对象样式的定义进行显示。高于偏移值的图元不显示。

② 剖切面:设置平面视图中图元的剖切高度,使低于该剖切面的构件以投影显示,而与该剖切面相交的其他构件显示为截面。显示为截面的建筑构件包括墙、屋顶、天花板、楼板和楼梯。剖切面不会截断构件(如书桌、桌子和床)。

③ 底:设置主要范围下边界的标高。如果将其设置为"标高之下",则必须指定"偏移量"的值,且必须将"视图深度"设置为低于该值的标高。

④ 标高:"视图深度"是主要范围之外的附加平面。可以设置视图深度的标高,以显示位于底裁剪平面下面的图元。默认情况下,该标高与底部重合。

2.5　给排水系统基础命令

2.5.1　系统创建

Revit 通过逻辑连接和物理连接两方面实现建筑给水排水系统的设计。物理连接就是通常意义上的设备之间的管道连接。逻辑连接则指 Revit 中所规定的设备与设备之间的从属关系,从属关系通过族的连接件进行信息传递,所以设备间的逻辑关系实际上就是连接件之间的逻辑关系。在 Revit 中,正确设置和使用逻辑关系对于系统的创建和分析起着至关重要的作用。本节中,系统创建指的就是设备逻辑关系的创建以及创建逻辑关系的设备。

在 Revit 中,管道系统是系统族,如图 2-98 所示,管道系统族中预定义了 11 种管道系统分类,即"其他""其他消防系统""卫生设备""家用冷水""家用热水""干式消防系统""循环供水""循环回水""湿式消防系统""通风孔"和"预作用消防系统"。其中,"卫生设备"即"排水","通风孔"即"通气"。

注意:可以基于预定义的 11 种系统分类来添加新的管道系统类型,如可以添加多个属于"家用冷水"分类下的管道系统类型,如"冷水 1"和"冷水 2"等,但不允许定义新的系统分类。单击鼠标右键任一管道系统,可以对当前管道系统进行编辑,如图 2-99 所示。

图　2-98　　　　　　　　图　2-99

（1）复制　可以添加与当前系统分类相同的系统，图 2-99 中所指的"污水"即为基于"卫生设备"复制产生的新管道系统类型。

（2）删除　删除当前系统，如果当前系统是该系统分类下的唯一一个系统，则该系统不能删除，软件会自动弹出一个错误报告，如图 2-100 所示。如果当前系统类型已经被项目中的某个管道系统使用，则该系统也不能被删除，软件会自动弹出一个错误报告，如图 2-101所示。

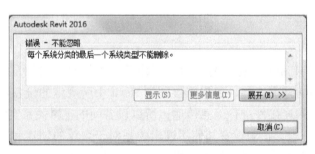

图　2-100

图　2-101

（3）重命名　可以重新定义当前系统的名称。

（4）选择全部实例　可以选择项目中所有属于该系统的设备实例。

（5）类型属性　图 2-102 所示为管道系统"家用冷水"的"类型属性"对话框，下面按照参数分组，逐一进行介绍。

图　2-102

1）在"图形"分组下的"图形替换"：用于控制管道系统的显示。单击"编辑"按钮后，在弹出的"线图形"对话框中，可以定义管道系统的"宽度""颜色"和"填充图案"，如图 2-103 所示。该设置将应用于属于当前管道系统的图元，除管道外，可能还包括管件、阀门和设备等。

2）"材质和装饰"分组下的"材质"：可以选择该系统所采用管道的材料，单击右侧的按钮后，弹出"材质浏览器"对话框，可定义管道材质并应用于渲染，如图 2-104 所示。

3）"机械"分组下的参数介绍如下。

① 计算：控制是否对该系统进行计算。"全部"表示流量和压降都计算，"仅流量"表示只计算流量，"无"表示流量和压降都不计算。

② 系统分类：该选项始终灰显，用来获知该系统类型的系统分类。

③ 流体类型、流体温度、流体动态粘度、流体密度：这些参数用来定义流体属性。通过选择类型和温度就能获取相应的粘度和密度。这些流体属性设置和"机械设置"中的"流体"设置相对应。

图 2-103

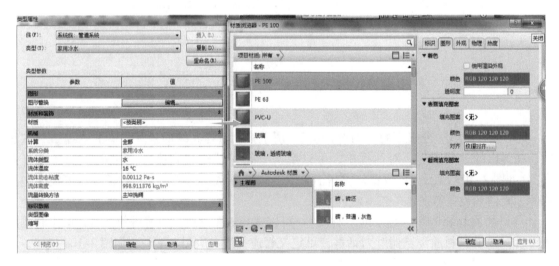

图 2-104

④ **流体转换方法**：该参数仅应用于"家用热水"和"家用冷水"两个系统分类，表明卫浴当量和流量转换的方法，有"主冲选阀"和"主冲洗箱"两种。

4）标识数据：可以为系统添加自定义标识，方便过滤或选择该管道系统。

5）"上升/下降"：不同的系统类型可定义不同的升符号。单击"升降符号"相应"值"，打开"选择符号"对话框，选择所需的符号。在先前的版本中，只能在"机械设置"中"升降"对项目中的所有管道设置统一的升符号和降符号。

注意：在"机械设置"对话框中，可以对预定义的 11 种管道系统进行分类。在干管和支管的"管道类型"和"偏移"的设置中，其中"偏移"定义的是管道中心对于当前标高的距离。这些设置将用于自动生成管道布局。举例来说，当为"循环供水"系统生成布局时，干管将使用族类型为"标准"的管道，且相对于当前绘图平面的标高偏移量为 2750mm，如图 2-105 所示。

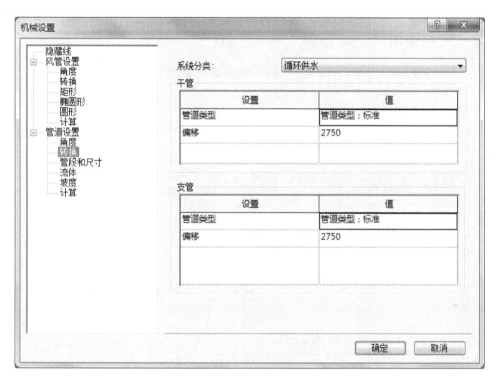

图　2-105

不同系统分类的干管和支管也可以在"生成布局"选项栏中定义，在"生成布局"编辑状态下，单击"生成布局"选项栏中的"设置"，就可以更改"管道转换设置"。修改后的数据也将自动同步更新"机械设置"中的设置。

注意：不同的系统分类下，"计算"的选项也有所不同。计算功能全面支持的 4 个系统分类为"循环供水""循环回水""家用热水"和"家用冷水"，提供"全部""仅流量"和"无"3 个选项。计算功能部分支持的"卫生设备"系统，提供"仅流量"和"无"两个选项。其他计算功能不支持的系统分类则选项默认为"无"，且不可修改。

2.5.2　系统布管

系统逻辑连接完成后，就可以进行物理连接。物理连接指的是完成设备之间的管道连接。逻辑连接和物理连接良好的系统才能被 Revit 识别为一个正确有效的系统，进而使用软件提供的分析功能来校核系统流量和压力等设计参数。

对于 Revit 环境下的三维模型，如何准确、快速地修改管路呢？下面阐述一些管路布置时的技巧，为用户手动绘制管道提供参考，掌握这些绘图诀窍并多加练习，管路连接将不再是一个难题。

1. 运用多视图

在绘图区域中，同时打开平面视图、三维视图和剖面视图，可以增强空间感，从多角度观察连管是否合理。单击功能区中的"视图"选项卡→"窗口"面板中的"平铺"按钮，如图 2-106 所示，或者直接按 < W + T > 快捷键，可同时查看所有打开的视图。图 2-107 所示为平铺"剖面 1 视图""剖面 2 视图"和"平面视图"的效果。

图　2-106

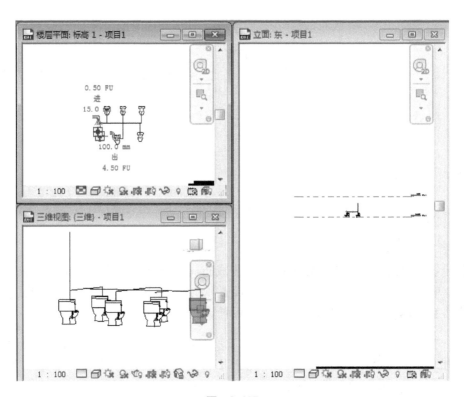

图　2-107

在绘图时，平面视图和三维视图可以通过缩放，将要编辑的绘图区域放大，而立面视图由于构件易重合，不利于选取器具和管道，故可采用剖面视图进行辅助设计。在平面视图中剖切剖面视图的步骤为：

1）单击功能区中的"视图"选项卡→"创建"面板中的"剖面"按钮，如图 2-108 所示。

图 2-108

2）在"属性"选项板中，从类型选择器中选择"剖面"。

3）在平面视图中，将光标放置在剖面起点处，拖曳光标直至终点时单击鼠标左键。剖面线和裁剪区域出现，视图中出现"剖面"。

4）选中剖面线，可以拖动四周的箭头，调整虚线框的大小，即剖面框可视的范围。

2. 隐藏图元

除了使用剖面图，还可以使用"临时隐藏隔离"或者"可见性/图形转换"，使视图变得"干净"，方便选取器具、设备、管道、管件和管路附件等。

1）"临时隐藏隔离"。在视图控制栏中通过"临时隐藏/隔离"工具，可以控制某一图元或某一类别图元的可见性。如图 2-109 所示，"隔离图元"和"隔离类别"可以分别隔离显示某一图元和某一类别图元。"隐藏图元"和"隐藏类别"可以分别隐藏某一图元和某一类别的图元，需注意的是，"临时隐藏和隔离"的设置无法保存，当项目文件关闭后，所有临时隐藏或隔离的图元都将重新显示，无法保存到视图样板中。

2）"可见性/图形转换"。使用视图的"可见性/图形转换"对话框，根据模型类别和过滤器控制图元可见性，在模型类别中通过勾选相关族类别来设置可见性。

3. 利用"连接到"工具

此工具用来创建选定构件和管道或风管之间的物理连接。当选中构件，如管件、阀门、器具和设备等，如有未连接的连接件，则功能区上下文选项卡上会出现"连接到"这个工具，选择要连接到的管道或风管，软件会自动创建管道。

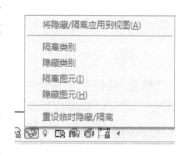

图 2-109

在图 2-110 中，将右侧脸盆的冷水连接件连接到横支管上的快速方法是：选中脸盆，然后单击"连接到"按钮，再选择横支管，管道便自动连接。

4. 运用"对齐"和"修剪/延伸"工具

在本章"管道绘制"的"管道放置方式"中提到过可以通过"对正设置"对话框设置水平、垂直对正和水平偏移。另外，如果希望两根管道能在同一个垂直面上，如沿墙上下排布的冷热水管，用户还可以利用"修改"选项卡中的"对齐"功能，先使中心对齐，再连接管道。具体步骤如下：

1）单击功能区中的"修改"选项卡→"修改"面板中的"对齐"按钮，如图 2-111 所示，或直接按 < A + L > 快捷键。

2）选择参照管道中心线。

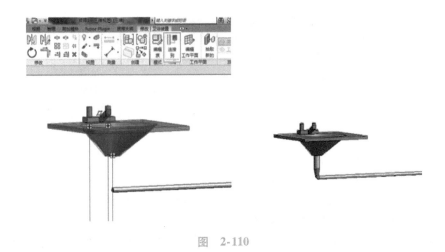

图 2-110

3）选择要与参照管道中心线对齐的管道中心线，如果希望这两根管道以后一起移动，还可以将两个中心线锁上，如图 2-112 所示。

图 2-111   图 2-112

"修剪/延伸"工具对于连接管段相当有用，使用过 AutoCAD 的用户应该对这个工具不会陌生，它可以修剪或延伸平面上的线段，在 Revit 里不仅可以修剪或延伸共面的管段，也可以修剪或延伸异面的管段。单击功能区中的"修改"选项卡，在"修改"面板中有 3 个相关按钮，如图 2-113 所示。它们的作用从左至右分别是：

① 修剪或延伸图元，以形成角，如图 2-114b 相对于图 2-114a 的使用结果。另外，也可延伸管中心在一直线上的两段管段，使它们连成一根管段。

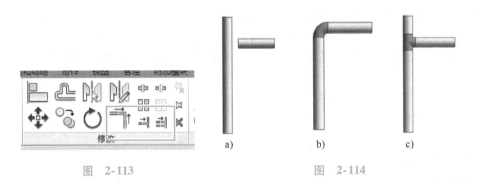

图 2-113   图 2-114

② 沿一个图元定义的边界修剪或延伸一个图元，如图 2-114c 相对于图 2-114a 的使用结果。

③ 沿一个图元定义的边界修剪或延伸多个图元。

注意：如果在三维视图中使用"修剪/延伸"工具不成功，则可尝试切换到平面或立面上使用。

5. 创建类似图元

选中某一图元，单击"修改"选项卡下"创建"面板中的"创建类似"按钮（见图 2-115），可绘制与选定图元类型相同的图元。最常用的是在绘制管道时，使用"创建类似"工具使新画的管道继承前一管道类型，十分便捷。

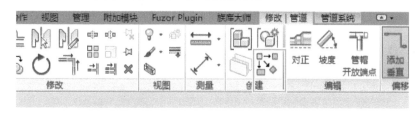

图　2-115

6. 绘制管道坡度

Revit 可通过"坡度"工具绘制具有坡度的管道。"坡度"工具的使用要注意以下几点：

使用自动"生成布局"功能布置管道，在完成布局后，管道两端被前后"牵制"，坡度很难再修改到统一值，所以在使用该功能时，在指定布局解决方案时应指定坡度，如图 2-116所示。

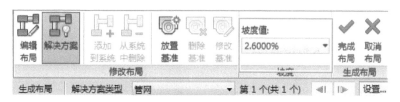

图　2-116

当手动绘制时，建议按以下顺序绘制管道（见图 2-117）：该层排水横管从管路最低点（接入该层排水立管处）画起，先画干管后面支管，并且从低处往高处画。注意，管路最低点的偏移值需预估，其值需保证管路最高点的排水横管能正确连到卫生器具排水口上。

在绘制时，注意运用一些工具。下面以绘制"1-2 号管和 2 号管"为例进行说明：

① 画 1-2 号管的辅助线（使用参照平面，如图 2-117 中虚线所示），使蹲便器排水连接件所接的 1-2 号管和 1 号管成 45°。

② 选中 1 号管，单击"创建类似"按钮，随后在"放置工具"面板上单击"自动连接"和"继承高程"按钮，并在"带坡道管道"面板中选择"向上坡度"，设置"坡度值"，如图 2-118 所示。

③ 在绘图区域，捕捉辅助线和 1 号管的交点，向蹲便器排水连接件方向绘制管道。

④ 1-2 号管生成后，继续使用同样的方法画 2 号管。因为最远端没有器具，不需要对

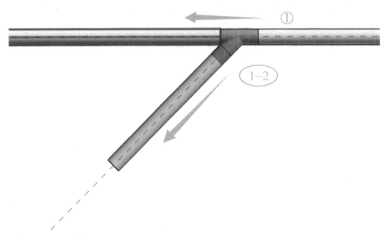

图　2-117

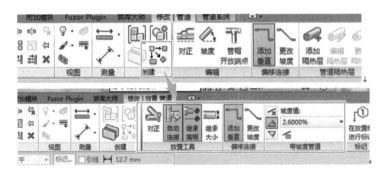

图　2-118

齐，所以画 2 号管时可以不画辅助线。

7. 添加存水弯

如果用户需要在排水系统中体现存水弯，一般有两种方法：

1）在族编辑器中将存水弯和卫生器具建在一起，为了增加这种"组合族"的灵活性，用户可以添加参数调整存水弯在器具下的偏移值，以适应不同排水口的高度要求。这种方法可以省去在项目中添加存水弯的工作量。

2）手动添加。添加时要注意存水弯的插入点和方向。建议结合多视图操作。

按以下步骤添加：

在剖面 2 上，从卫生器具排水连接件连出一段立管，如图 2-119a 所示。

在平面视图上，将存水弯的插入点对准卫生器具的排水立管连接件后放置存水弯，如图 2-119b 所示。放置存水弯后，如果存水弯排水口方向不对，可以通过单击"旋转"符号改变方向，如图 2-119c 所示。旋转方向后，在剖面 2 上，绘制存水弯另一端的立管，如图 2-119d所示。

8. 运用布线解决方案

对于排水管道连接，我国设计规范要求排水横管做 90°水平转弯或排水立管与排出管端部连接，宜采用两个 45°弯头或大转弯半径的 90°弯头，如图 2-120 所示。类似于图 2-120a

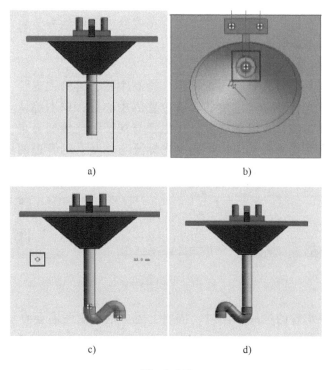

图　2-119

中的情况，可将弯头替换为大转弯半径的90°弯头，也可通过"布线解决方案"修改为两个45°弯头。其方法是：先选择要修改的管段，包括弯头和两侧的管道，然后单击"修改丨选择多个"选项卡下"编辑"面板中的"布线解决方案"按钮，如图2-121a所示。进入"布线解决方案"编辑状态，在功能区可切换方案，还可以添加控制点和删除控制点以修改布线路径，如图2-121b所示。"控制点"如图2-120b所示的圆点，可拖曳。选择或修改布线后，单击"完成"按钮，如图2-120c所示，达到规范要求。

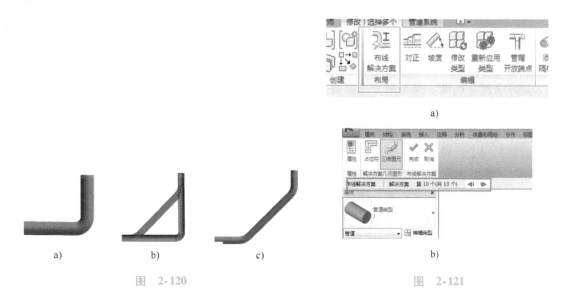

图　2-120　　　　　　　　　　　　　　　　图　2-121

9. 管道弯头的绘制

在绘制状态下，在弯头处直接改变方向，在改变方向的地方会自动生成弯头，如图 2-122 所示。

图 2-122

10. 管道三通的绘制

单击"管道"按钮，输入管径与标高值，绘制主管，再输入支管的管径与标高值，把光标移动到主管的合适位置的中心处，单击确认支管的起点，再次单击确认支管的终点，在主管与支管的连接处会自动生成三通。先在支管终点处单击，再拖曳光标至与之交叉的管道的中心线处，单击鼠标左键也可生成三通，如图 2-123 所示。

图 2-123

当相交叉的两根水管的标高不同时，按照上述方法绘制三通会自动生成一段立管，如图 2-124所示。

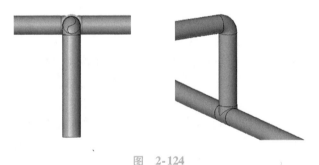

图 2-124

11. 管道四通的绘制

绘制完三通后，选择三通，单击三通处的加号，三通会变成四通，然后单击"管道"按钮，移动光标到四通连接处，出现捕捉的时候，单击确认起点，再次单击确认终点，即可完成管道绘制。同理，单击减号可以将四通转换为三通，如图 2-125 所示。

12. 管道管径的变更

遇到需要变更管径的地方，直接改变管径后继续绘制即可，如果绘制中断，则再绘制时将自动捕捉到上一段管道，即可继续绘制，如图 2-126 ~ 图 2-128 所示。

13. 立管的生成

通过修改偏移量生成立管，执行"系统"→"管道"→"调节管道类型"→"调节偏移量绘制管道"→"修改偏移量"→"应用"命令即可，如图 2-129 ~ 图 2-131 所示。

14. 添加立管阀门

立管上的阀门在平面视图中不易添加，在三维视图中也不易捕捉其位置，尤其是当阀门管件较多时，添加阀门很困难。应用下面的方法，可以方便地添加各种阀门管件。例如，当

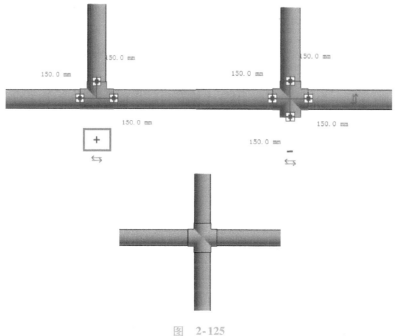

图 2-125

图 2-126

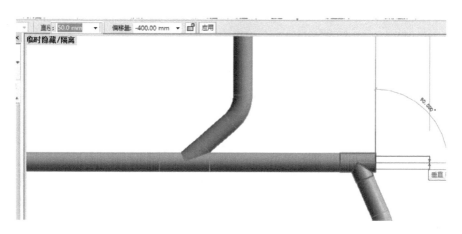

图 2-127

图　2-128

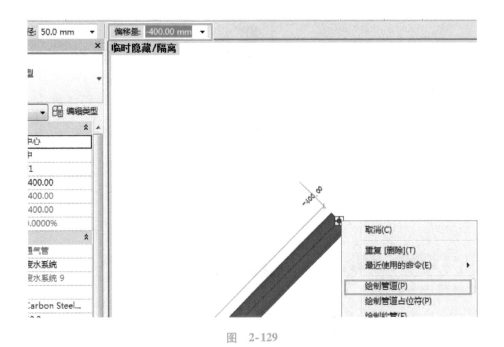

图　2-129

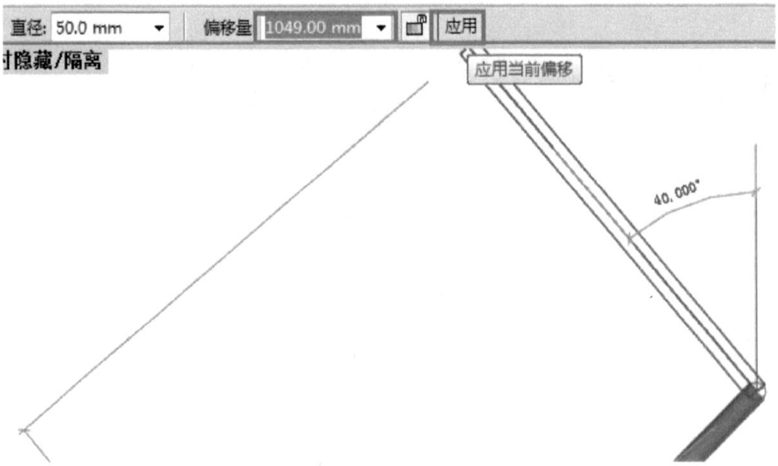

图　2-130

需要在立管上添加闸阀时，可以按照如下步骤进行设置：

1）进入三维视图，单击"修改"选项卡下"编辑"面板中的"拆分"按钮，如图 2-132 所示，在绘图区域中立管的合适位置单击鼠标左键，则该位置出现一个活接头，这是因为在管道的类型属性中有该项设置，如图 2-133 所示。

2）选择活接头，发现在类型选择器中并没有需要的阀门种类，因为活接头的族类型为"管件"，阀门的族类型为"管路附件"，为了将活接头替换为阀门，需要修改活接头的族类型为与阀门同样的类型，即"管路附件"。选择活接头，单击自动弹出的"修改管件"上下文选项卡下的"族"面板上的"编辑族"按钮，在对话框中选择"是"，进入族编辑器，如图 2-134 所示。

图　2-131

图　2-132

图　2-133

图　2-134

3）单击"创建"选项卡下"族类型"面板中的"类别和参数"按钮，在对话框中选择"管道附件"，部件类型选择"标准"，单击"确定"按钮，并将该族载入项目中，替换原有族类型和参数，如图 2-135 所示。

4）选择活接头，发现在类型选择器中可以找到需要的阀门（若项目中没有，则需要自行载入系统族库中的闸阀）。选择该闸阀，即可替换原来的活接头，完成阀门的添加。其他阀门也可以按照这种方法添加。需要注意的是，必须保证活接头和阀门的族类别相同才可以进行替换，如图 2-136 所示。

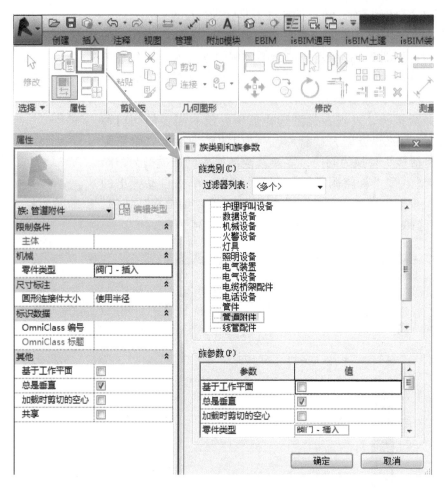

图 2-135

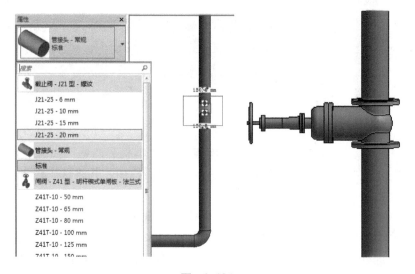

图 2-136

15. 管道附件的绘制

绘制地漏等水管附件时，选择需要放置的水管附件，直接放置在废水管上即可，水管附件会自动识别水管标高及水管大小去调整自身的相应参数。单击"系统"选项卡下"卫浴和管道"面板中的"管路附件"按钮，选择地漏，如图 2-137 所示。

图　2-137

选择需要的尺寸，按住鼠标左键拖曳到指定位置即可，如图 2-138 所示。

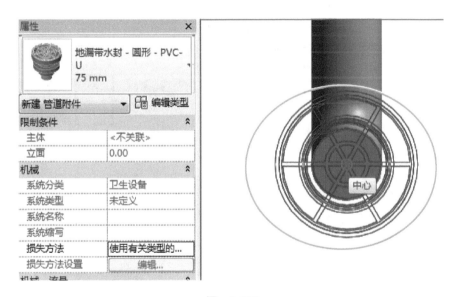

图　2-138

如果无法自动连接，则使用"连接到"功能进行连接，即单击"管路附件"按钮，在修改管路附件下，找到"连接到"按钮，如图 2-139 所示。

图　2-139

2.6 暖通系统基础命令

2.6.1 系统创建

Revit 通过逻辑连接和物理连接两方面实现空调系统的设计。逻辑连接是指 Revit 中所定义的设备与设备之间的从属关系,从属关系通过族的连接件进行信息传递,所以设备间的逻辑关系实际上就是连接件之间的逻辑关系。在 Revit 中,正确设置和使用逻辑关系对于系统的分析起着至关重要的作用。

所有风管系统生成逻辑关系后都属于 Revit 预定义的 3 种风管系统中的一种。打开"项目浏览器",单击"风管系统",可以查看项目中的预置风管系统,如图 2-140 所示。

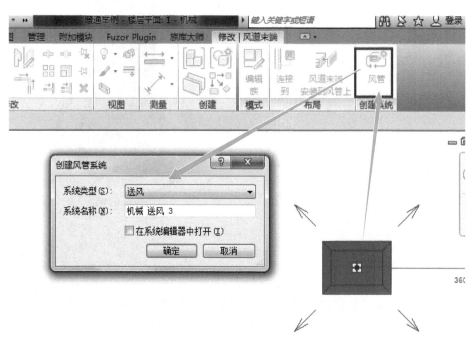

图 2-140

注意:可以基于预定义的 3 种系统分类(送风、回风和排风)来添加新的风管系统类型,如图 2-141 所示,如可以添加属于"送风"分类下的风管系统类型,如大厅送风、办公室送风、办公室新风等,"防排烟"系统可使用"排风"系统分类。但不允许定义新的系统分类。单击鼠标右键任一风管系统,可以对当前风管系统进行编辑,如图 2-142 所示。

1. 复制

可以添加与当前系统分类相同的系统。

图　2-141　　　　　　　　　　图　2-142

2. 删除

删除当前系统。如果当前系统是该系统分类下的唯一一个系统，则该系统不能删除，软件会自动弹出一个错误报告，如图2-143所示。如果当前系统类型已经被项目中的某个风管系统使用，则该系统也不能被删除，软件会自动弹出一个错误报告，如图2-144所示。

图　2-143

图　2-144

3. 重命名

可以重新定义当前系统的名称。

4. 选择全部实例

可以选择项目中所有属于该系统的设备实例。

5. 类型属性

单击"类型属性"按钮，打开风管系统"类型属性"对话框，可以对该风管系统进行个性化设置，如图 2-145 所示。

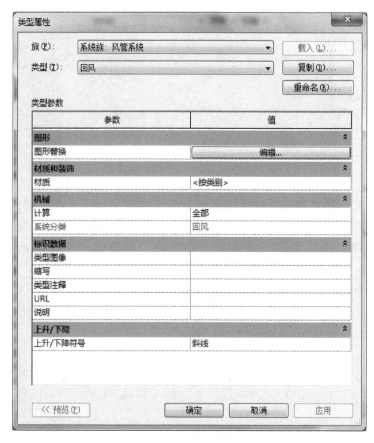

图　2-145

1）"图形"分组下的"图形替换"：用于控制风管系统的显示，单击"编辑"按钮后，在弹出的"线图形"对话框中，定义风管系统的"宽度""颜色"和"填充图案"，该设置将应用于属于当前风管系统的图元，除风管外，可能还包括管件、阀门和设备等。

2）"材质和装饰"分组下的"材质"：可以选择该系统所采用风管的材料，单击右侧的按钮后，弹出材质对话框，可定义风管材质并应用于渲染。

3）"机械"分组下的参数介绍如下。

"计算"控制是否对该系统进行计算，"全部"表示计算流量和压降，"仅流量"表示只算流量，"无"表示流量和压降都不计算。

4）标识数据：可以为系统添加自定义标识，方便过滤或选择该风管系统。

5）"上升/下降"分组下的"上升/下降符号"：不同的系统类型可定义不同的升降符

号。单击"升降符号"相应值，单击□按钮，打开"选择符号"对话框，选择所需的符号即可，如图 2-146 所示。

图　2-146

注意：在剖面或立面视图中对风管进行标注，有时可能无法捕捉到风管边界，需要在"可见性/图形替换"对话框中取消勾选风管的"升"和"降"子类别，才能捕捉到风管边界，如图 2-147 所示。

图　2-147

2.6.2　系统布管

系统逻辑连接完成后，就可以进行物理连接了。物理连接指的是完成设备之间的风管/管道连接。逻辑连接和物理连接良好的系统才能被 Revit 识别为一个正确有效的系统，进而使用软件提供的分析计算和统计功能来校核系统流量和压力等设计参数。

风机盘管送风系统的物理连接即风管连接，对于风机盘管送风系统的风管连接，风管布局比较简单。

1）选择"接头"作为"首选连接类型"的风管绘制送风干管，如图 2-148 所示。

2）单击送风口，单击"连接到"按钮，将送风口连接到已布置好的干管上。

注意：如果选择将带有圆形连接件的风口通过"连接到"功能连接至矩形风管，则系统会继承所要"连接到"的目标风管的属性，使用矩形风管进行连接。同理，如果将带有矩形连接件的风口"连接到"圆形风管，则系统默认使用圆形风管进行连接。"连接到"功能根据目标风管优先原则添加风管。

3）风口连接好后，在干管的末端需要添加堵头，如图 2-149 所示。

注意：检查系统是否连接良好，可以在绘图区域中选择系统中的任一图元，按 < Tab > 键，检查是否能拾取该管路中的所有图元，如果不能，则说明该管路没有连接好。

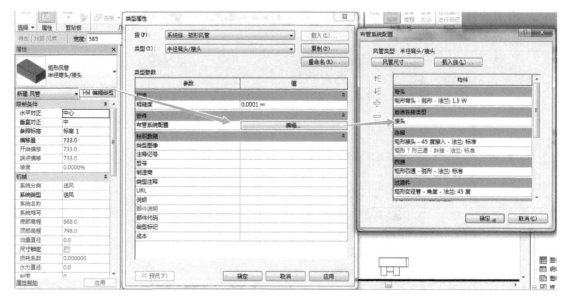

图 2-148

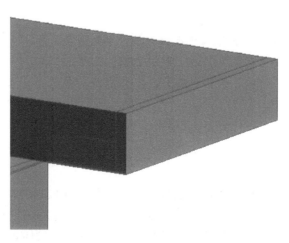

图 2-149

4）在"类型属性"对话框的"类型"下拉列表框中，有 4 种可供选择的管道类型，分别为"半径弯头/T 形三通""半径弯头/接头""斜接弯头/T 形三通"和"斜接弯头/接头"（不同项目样板的分类名称不一样，但原理相同）。它们的区别主要在于弯头和支管的连接方式，其命名是以连接方式来区分的，半径弯头/斜接弯头表示弯头的连接方式，T 形三通/接头表示支管的连接方式，如图 2-150 所示。

单击"编辑类型"按钮，弹出"类型属性"对话框，在"布管系统配置"一栏中单击"编辑"按钮打开"布管系统配置"对话框，如图 2-151 所示。

在"布管系统配置"对话框中，可以看到弯头和首选连接类型等构件的默认设置。管道类型名称与弯头、首选连接类型的名称之间是有联系的。各个选项的设置功能如下：

① 弯头：设置风管方向改变时所用弯头的默认类型。

② 首选连接类型：设置风管支管连接的默认方式。

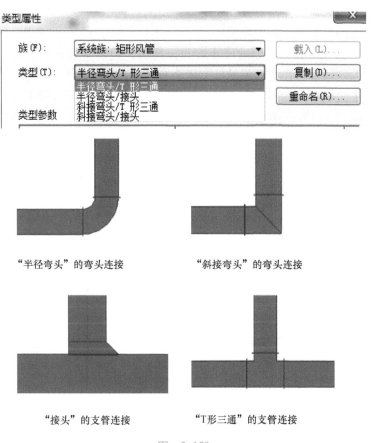

"半径弯头"的弯头连接　　　　"斜接弯头"的弯头连接

"接头"的支管连接　　　　"T形三通"的支管连接

图　2-150

图　2-151

③ T 形三通：设置 T 形三通的默认类型。

④ 接头：设置风管接头的类型。

⑤ 四通：设置风管四通的默认类型。

⑥ 过渡件：设置风管半径的默认类型。

⑦ 多形状过渡件：设置不同轮廓风管间（如圆形和矩形）的默认连接方式。

⑧ 活接头：设置风管活接头的默认连接方式，它和 T 形三通是首选连接方式的下级选项。

这些选项设置了管道的连接方式，在绘制管道的过程中不需要不断改变风管的设置，只需改变风管的类型即可减少绘制的麻烦。

单击"风管"按钮，修改风管的尺寸值和标高值，绘制一段风管，然后输入变高程后的标高值；继续绘制风管，在变高程的地方就会自动生成一段风管的立管。

立管的连接形式因弯头的不同而不同，立管的两种形式如图 2-152 所示。

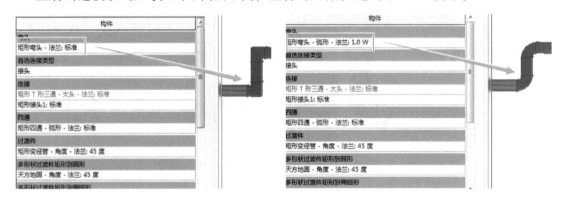

图　2-152

5）绘制三通和四通。风管三通和四通在 Revit MEP 中的绘制方法有以下 3 种。

① 先放置管件，再绘制风管，如图 2-153 所示。

② 先绘制一段风管，然后添加管件，调整管件的各个口的管径，再以管件一端作为起点，继续绘制其他风管，如图 2-154 所示。

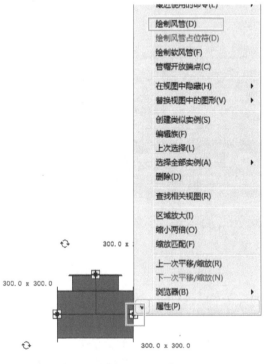

图　2-153

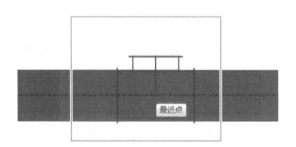

图　2-154

③ 先绘制一段风管，然后绘制与之相垂直的另一段风管，使这两段风管的中心线相交，则自动生成三通或四通，这种方法比较常用，如图 2-155 所示。

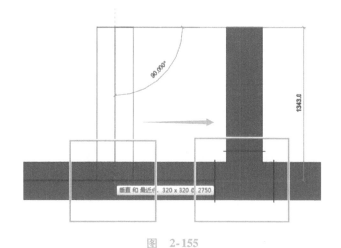

图　2-155

6）创建好的逻辑系统，可以通过系统浏览器进行检查。打开系统浏览器有两种方法：

① 按 <F9> 键打开系统浏览器。

② 单击"视图"→"用户界面"，勾选"系统浏览器"复选框，如图 2-156 所示。

图　2-156

在系统浏览器中，可以了解项目中所有系统的主要信息，包含系统名称和设备等。单击鼠标右键系统或图元名称，可进行选择、显示、删除、查看属性等操作。如果项目中设备的连接件没有指定给某一逻辑系统，则将被放到"未指定"系统中，如图 2-157 所示。软件每次刷新都会自动检测未指定系统的连接件。如果未指定系统的连接件过多，则会影响运行速度。所以最好将设备的连接件指定给某一系统。在系统浏览器的标题栏中，可以对系统浏览器进行视图和列设置，如图 2-158 所示。

① 视图：单击标题栏中的"系统"，定义浏览器的显示类别。默认设置是"系统"，即显示项目中水、暖、电的逻辑系统。如果选择"分区"，则将显示项目定义的分区列表。当浏览器选择"系统"时，单击标题栏中的"全部规程"可以定义显示的规程。默认设置显示"全部规程"，即显示水、暖、电 3 个专业的系统。

② 自动调整所有列：根据显示内容自动调整所有列宽。

图 2-157   图 2-158

③ 列设置：单击"列设置"按钮，打开"列设置"对话框，可以添加不同规程下显示的信息条目。

注意：单击某一系统名称后，系统名称高亮显示，相应的系统中的图元虚线高亮显示，系统所在的区域虚线框高亮显示，如图 2-159 所示。

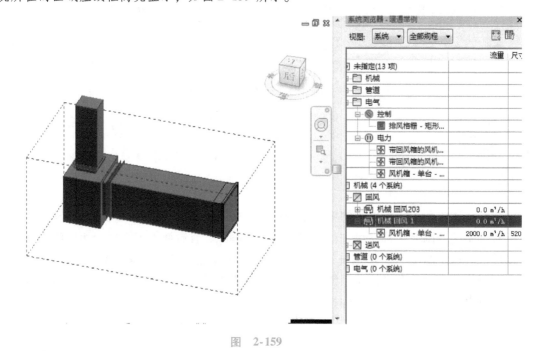

图   2-159

通过 <Tab> 键选中视图中的某一系统，相应系统浏览器中该系统名称也会高亮显示，便于查找和修改，如图 2-160 所示。

选中视图中的某一设备，该设备所有连接件所属的系统将高亮显示，方便用户检查，如图 2-161 所示。

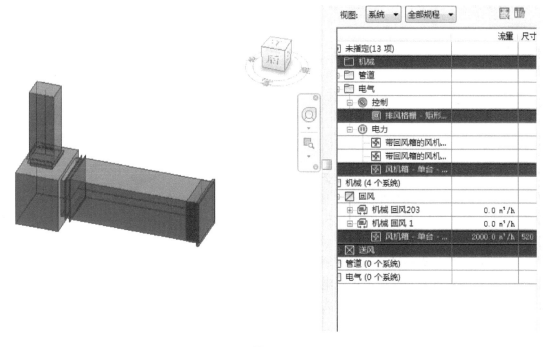

图 2-160

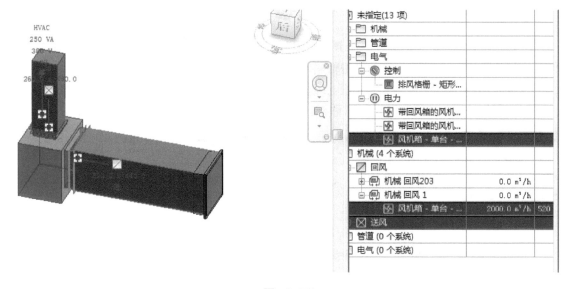

图 2-161

2.7 电气系统基础命令

电缆桥架和线管的敷设是电气布线的重要部分。Revit 中的电缆桥架和线管功能，进一步强化了管路系统三维模型，完善了电气设计功能，并且有利于进行各专业和建筑、结构设计间的碰撞检查。本节将具体介绍 Revit 所提供的电缆桥架和管线功能。

2.7.1 电缆桥架

Revit 的电缆桥架功能可以绘制生动的电缆桥架模型。目前，电缆桥架形状有两种，即梯形和槽形，如图 2-162 所示。

1. 电缆桥架类型

Revit 提供两种不同的电缆桥架形式：带配件的电缆桥架和无配件的电缆桥架。"无配件的电缆桥架"适用于设计中不明显区分配件的情况。

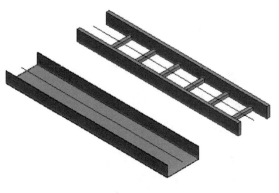

图 2-162

带配件的电缆桥架的默认类型有梯级式电缆桥架、槽式电缆桥架、实体底部电缆桥架。无配件的电缆桥架的默认类型有单轨电缆桥架和金属丝网电缆桥架。其中，梯级式电缆桥架的形状为梯形，其他类型的截面形状为槽形。

注意：电缆桥架为系统族，系统族无法自行创建，但可以创建、修改和删除系统族的族类型。

与风管和管道一样，项目之前要设置好电缆桥架类型。可以用以下两种方法查看并编辑电缆桥架类型。

1）单击功能区中"系统"选项卡下"电气"面板中的"电缆桥架"按钮，如图 2-163 所示。在"属性"选项板中单击"编辑属性"按钮，打开"类型属性"对话框。

2）在上下文选项卡"修改|放置电缆桥架"的"属性"面板中单击"类型属性"按钮（见图 2-164），打开"类型属性"对话框。

图 2-163

图 2-164

2. 电缆桥架配件族

在 Revit 自带的族库中，提供了专为我国用户创建的电缆桥架配件族。在默认安装情况下，存放在路径"C:\ProgramData\Autodesk\RVT2016\Libraries\China\机电\供配电\电缆桥架配件"中，主要有梯级式电缆桥架、槽式电缆桥架和托盘式电缆桥架的配件族。

族库中提供了几种配件族，以水平弯通为例，如图 2-165 所示。水平弯通配件族有 3 种，即"托盘式电缆桥架水平弯通.rfa""梯级式电缆桥架水平弯通.rfa"和"槽式电缆桥架水平弯通.rfa"。

托盘式电缆桥架水平弯通

梯级式电缆桥架水平弯通

槽式电缆桥架水平弯通

图　2-165

由于电缆桥架模型有其自身的特点，创建和使用电缆桥架的配件族时要注意以下两点：

1）"槽式"和"梯式"。在族编辑器中，"族类别和族参数"对话框如图 2-166 所示，电缆桥架配件族的"零件类型"分"槽式"和"梯式"两种形状，如"槽式 T 形三通"和"梯式 T 形三通"。

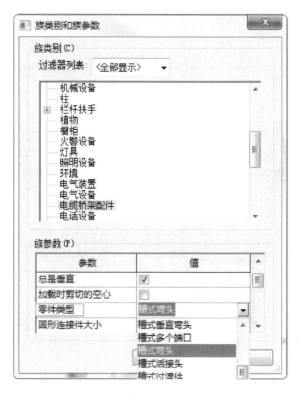

图　2-166

2）垂直方向和水平方向。电缆桥架的形状较复杂，垂直方向的配件和水平方向有所不同，所以针对电缆桥架中水平弯头和垂直弯头要设置不同的管件参数，便于绘制电缆桥架时自动连接水平方向和垂直方向的弯头。电缆桥架的"类型属性"对话框中设置配套的管件参数，如图 2-167 所示：主要有"水平弯头""垂直内弯头"和"垂直外弯头"等。

3. 电缆桥架的设置

在布置电缆桥架前，先按照设计要求对桥架进行设置，为设计和出图做准备。

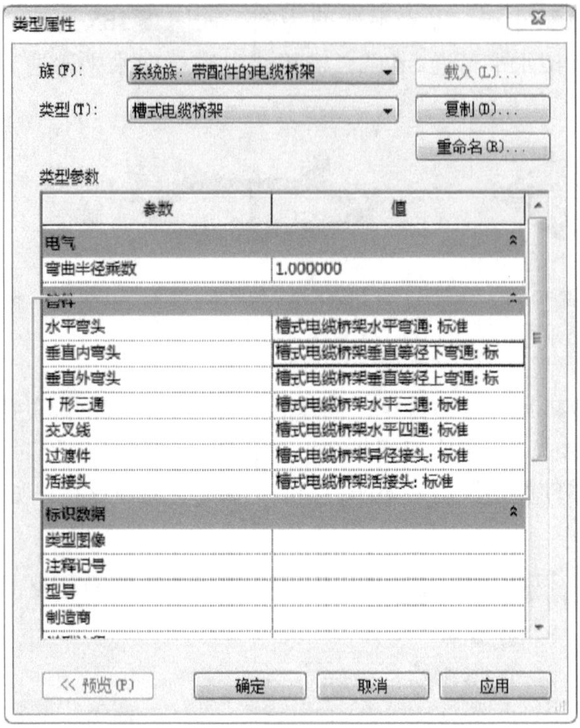

图　2-167

在"电气设置"对话框中定义"电缆桥架设置"。单击功能区中"管理"选项卡下"MEP设置"面板中的"电气设置"按钮（也可单击功能区中"系统"选项卡下"电气"面板中的"电气设置"按钮），在"电气设置"对话框的左侧面板中，展开"电缆桥架设置"，如图 2-168 所示。

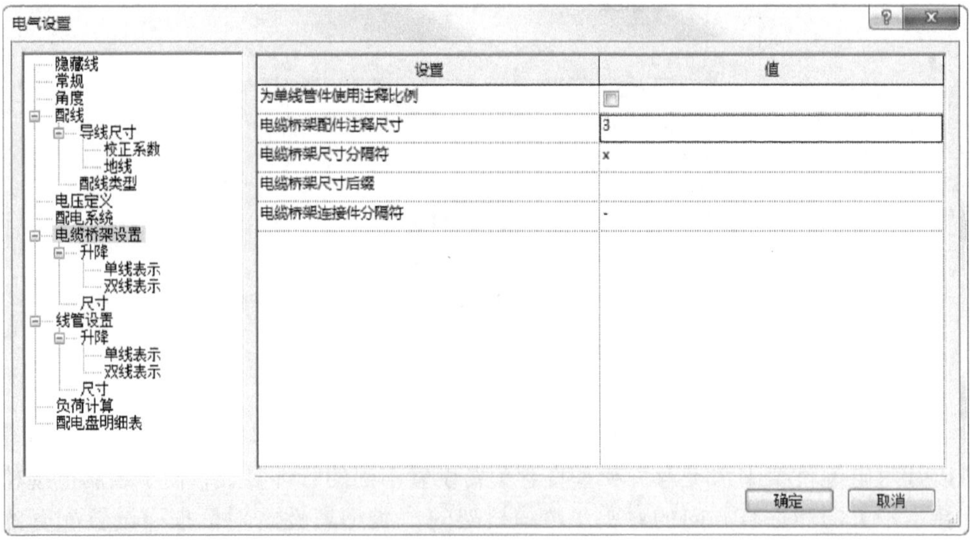

图　2-168

（1）定义设置参数　首先，在"电缆桥架设置"的右侧面板中定义以下参数。

1）为单线管件使用注释比例：该设置用来控制电缆桥架配件在平面视图中的单线显示。如果勾选该复选框，则将以下一行的"电缆桥架配件注释尺寸"参数所指定的尺寸绘制桥架和桥架附件。

注意：修改该设置时只影响后面绘制的构件，并不会改变修改前已在项目中放置的构件的打印尺寸。

2）电缆桥架配件注释尺寸：指定在单线视图中绘制的电缆桥架配件出图尺寸。无论图纸比例为多少，该尺寸始终保持不变。

3）电缆桥架尺寸分隔符：该参数指定用于显示电缆桥架尺寸的符号。例如，如果使用"×"，则宽为300mm、深度为100mm的桥架将显示为"300m×100mm"。

4）电缆桥架尺寸后缀：指定附加到根据"实例属性"参数显示的电缆桥架尺寸后面的符号。

5）电缆桥架连接件分隔符：指定在使用两个不同尺寸的连接件时用来分隔信息的符号。

（2）设置"升降"和"尺寸" 展开"电缆桥架设置"并设置"升降"和"尺寸"。

1）"升降"。在左侧面板中的"升降"选项用来控制电缆桥架标高变化时的显示。

单击"升降"，在右侧面板中可指定电缆桥架升/降注释尺寸的值，如图2-169所示。该参数用于指定在单线视图中绘制的升/降注释的出图尺寸。无论图纸比例为多少，该注释尺寸始终保持不变。默认设置为3.00mm。

图 2-169

在左侧面板中，展开"升降"，单击"单线表示"，可以在右侧面板中定义在单线图纸中显示的升符号和降符号，如图2-170所示。单击相应"值"列并单击 按钮，打开"选择符号"对话框，选择相应符号即可。使用同样的方法设置"双线表示"，定义在双线图纸中显示的升符号和降符号，如图2-171所示。

注意：平面视图中的"升符号""降符号"等升降符号的出现和当前视图的视图范围有关。

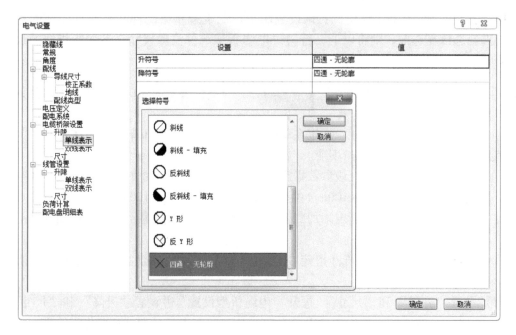

图　2-170

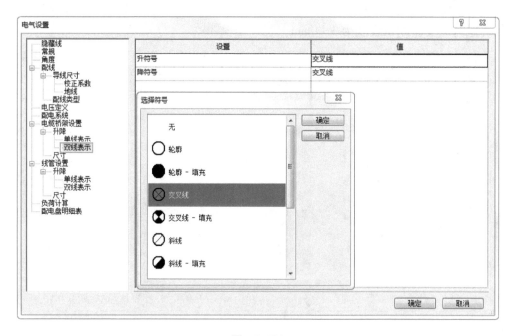

图　2-171

2）尺寸。单击"尺寸"，右侧面板会显示可在项目中使用的电缆桥架尺寸表，在表中可以查看、修改、新建和删除当前项目文件中的电缆桥架尺寸，如图 2-172 所示。另外，用户可以选择特定尺寸在项目中的应用方式。在尺寸表中，在某个特定尺寸右侧勾选"用于尺寸列表"复选框，表示在整个 Revit 的电缆桥架尺寸列表中显示所选尺寸。选项栏上的尺寸下拉列表框如图 2-173 所示。如果不勾选，则该尺寸将不会出现在这些尺寸的下拉列表框中。

图　2-172

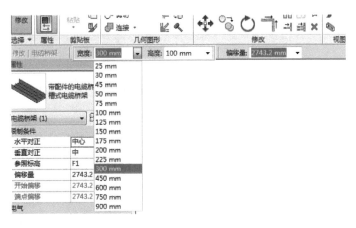

图　2-173

此外，"电气设置"还有一个公用选项——"隐藏线"，如图 2-174 所示，用于设置图元之间交叉、发生遮挡关系时的显示。它和"机械设置"的"隐藏线"是同一设置。

4. 绘制电缆桥架

在平面视图、立面视图、剖面视图和三维视图中均可绘制水平、垂直和倾斜的电缆桥架。

（1）基本操作　进入电缆桥架绘制模式有以下两种方式：

1）单击功能区中"系统"选项卡下"电气"面板中的"电缆桥架"按钮，如图 2-175 所示。

2）选中绘图区中已布置构件族的电缆桥架连接件，单击鼠标右键，在弹出的快捷菜单中选择"绘制电缆桥架"选项即可。

按照以下步骤绘制电缆桥架：

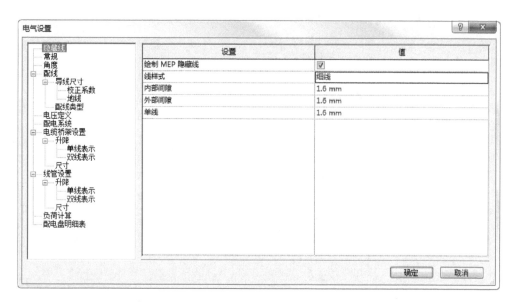

图　2-174

图　2-175

① 选择电缆桥架类型。在电缆桥架"属性"选项板中选择所需要绘制的电缆桥架类型，如图 2-176 所示。

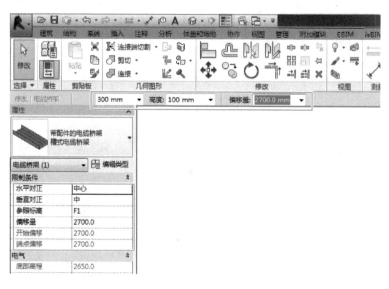

图　2-176

② 选择电缆桥架尺寸。在"修改|放置电缆桥"选项栏上单击"宽度"右侧的下拉按钮，选择电缆桥架尺寸。也可以直接输入想要绘制的尺寸，如果在下拉列表框中没有该尺

寸，则系统将从列表中自动选择并输入尺寸最接近的尺寸。使用同样的方法设置"高度"。

③ 指定电缆桥架偏移。默认"偏移量"是指电缆桥架中心线相对于当前平面标高的距离。重新定义电缆桥架"对正"方式后，"偏移量"指定的距离含义将发生变化。在"偏移量"选项中单击下拉按钮，可以选择项目中已经用到的偏移量，也可以直接输入自定义的偏移量数值，默认单位为 mm。

④ 指定电缆桥架起点和终点。将光标移至绘图区域，单击即可指定电缆桥架起点，移动至终点位置再次单击，完成一段电缆桥架的绘制。可以继续移动光标绘制下一段。绘制过程中，根据绘制路线，在"类型属性"对话框中预设好的电缆桥架管件将自动添加到电缆桥架中。绘制完成后，按 < Esc > 键或单击鼠标右键，在弹出的快捷菜单中选择"取消"选项，退出电缆桥架的绘制。

注意：绘制垂直电缆桥架时，可在立面视图或剖面视图中直接绘制，也可以在平面视图绘制。在选项栏上改变将要绘制的下一段水平桥架的"偏移量"，就能自动连接出一段垂直桥架。

（2）电缆桥架对正　在平面视图和三维视图中绘制电缆桥架时，可以通过"修改|放置电缆桥架"选项卡中的"对正"按钮指定电缆桥架的对齐方式。单击"对正"按钮，打开"对正设置"对话框，如图 2-177 所示。

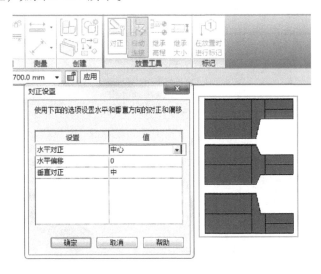

图　2-177

注意："修改|放置电缆桥架"上下文选项卡中的"对正"与在"属性"选项板上的"限制条件"选项中设置对正的效果是相同的。

1）水平对正。"水平对正"用来指定当前视图下相邻段之间的对其方式。"水平对正"方式有"中心""左"和"右"3 种。

"水平对正"后的效果还与绘制方向有关，如果自左向右绘制，选择不同"水平对正"方式其绘制效果如图 2-177 所示。

2）水平偏移。"水平偏移"用于指定绘制起始点位置与实际绘制位置之间的偏移距离。该功能多用于指定电缆桥架和墙体等参考图元之间的水平偏移距离。

3）垂直对正。"垂直对正"用来指定当前视图下相邻段之间的垂直对齐方式。"垂直对正"方式有"中""底""顶"3 种。

"垂直对正"（见图 2-178）的设置会影响"偏移量"。当默认偏移量为 100mm 时，公称管径为 100mm 的电缆桥架，设置不同的"垂直对正"方式，绘制完成后的电缆桥架偏移量（即管中心标高）会发生变化。

图　2-178

另外，电缆桥架绘制完成后，可以使用"对正"命令修改对齐方式。选中需要修改的电缆桥架，单击功能区中的"对正"按钮，进入"对正编辑器"，选择需要的对齐方式和对齐方向，单击"完成"按钮即可。

（3）自动连接　选项卡中有"自动连接"按钮，如图 2-179 所示。默认情况下，这一选项是勾选的。勾选与否决定绘制电缆桥架时是否自动连接到相交电缆桥架上，并生成电缆桥架配件。当勾选"自动连接"时，在两段相交位置自动生成四通，如图 2-180 所示；如果不勾选，则不生成电缆桥架配件，如图 2-181 所示。

图　2-179

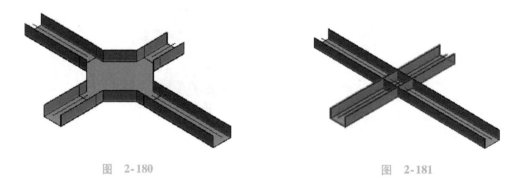

图　2-180　　　　　　　　　　　　　　图　2-181

注意："自动连接"功能使绘图变得方便、智能。但要注意的是，当绘制不同高程的两路电缆桥架时，可暂时去除"自动连接"，以避免误连接。

（4）继承高程和继承大小　利用这两个功能，绘制桥架时可以自动继承捕捉到的图元的高程和大小。

（5）电缆桥架配件放置和编辑　电缆桥架连接中要使用电缆桥架配件。下面将介绍绘制电缆桥架时配件族的使用。

1）放置配件。在平面视图、立面视图、剖面视图和三维视图中都可以放置电缆桥架配件。放置电缆桥架配件有两种方法——自动添加和手动添加。

① 自动添加。在绘制电缆桥架的过程中自动加载的配件需在"电缆桥架类型"中的"管件"参数中指定。

② 手动添加。在"修改|放置电缆桥架配件"模式下进行，进入"修改|放置电缆桥架配件"模式有以下方式：

单击功能区中"系统"选项卡下"电气"面板中的"电缆桥架配件"按钮，如图2-182所示。

图 2-182

在项目浏览器中，展开"族"→"电缆桥架配件"，将"电缆桥架配件"下的族直接拖到绘图区域中。

2）编辑电缆桥架配件。在绘图区域中单击某一电缆桥架配件后，周围会显示一组控制柄，可用于修改尺寸、调整方向和进行升级或降级。

在配件的所有连接件都没有连接时，可单击尺寸标注改变宽度和高度，如图2-183所示。

单击⇊符号可以实现配件水平或垂直翻转180°，单击↻符号可以旋转配件。

注意：当配件连接了电缆桥架后，该符号不再出现，如果配件的旁边出现加号，则表示可以升级该配件，如图2-184所示。例如，弯头可以升级为T形三通，T形三通可以升级为四通。

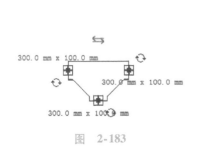

图 2-183

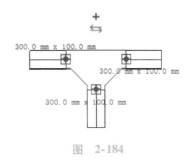

图 2-184

通过未使用连接件旁边的减号可以将该配件降级，如图2-185所示。例如，带有未使用连接件的四通可以降级为T形三通；带有未使用连接件的T形三通可以降级为弯头。如果配件上有多个未使用的连接件，则不会显示加减号。

（6）带配件和无配件的电缆桥架 绘制带配件的电缆桥架和无配件的电缆桥架在功能上是不同的。

图2-186和图2-187所示分别为用带配件的电缆桥架和用无配件的电缆桥架绘制出的电缆桥架，通过对比可以明显看出两者的区别。

1）绘制"带配件的电缆桥架"时，桥架直段和配件间

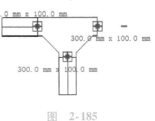

图 2-185

有分隔线分为各自的几段。

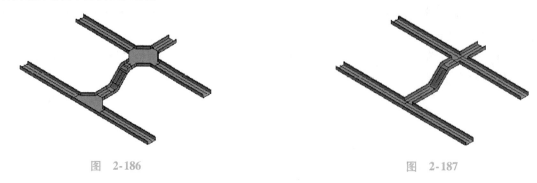

图　2-186　　　　　　　　　　　　　　　　图　2-187

2）绘制"无配件的电缆桥架"时，转弯处和直段之间并没有分隔，桥架交叉时，桥架自动被打断，桥架分支时也是直接相连而不插入任何配件。

 线管

1. 线管的类型

和电缆桥架一样，Revit 的线管也提供了两种线管管路形式：无配件的线管和带配件的线管。添加或编辑线管的类型，可以单击功能区中的"系统"选项卡→"线管"，在右侧出现的"属性"选项板中单击"编辑类型"按钮则出现"类型属性"对话框，如图 2-188所示。

图　2-188

① 标准：通过选择标准决定线管所采用的尺寸列表，与"管理"选项卡→"MEP 设置"→"电气设置"→"线管设置"→"尺寸"中的"标准"参数相对应。

② 管件：管件配置参数用于指定与线管类型配套的管件，有"弯头""T 形三通"接头"四通"过渡件"活接头"等参数，通过这些参数可以配置在线管绘制过程中自动生成的线管配件。

2. 线管设置

绘制线管之前，根据项目对线管进行设置。

在"电气设置"对话框中定义"线管设置"：单击功能区中"管理"选项卡下"设置"面板中"MEP 设置"下拉菜单的"电气设置"按钮（也可单击功能区中"系统"选项卡下"电气"面板中的"电气设置"按钮），在"电器设置"对话框的左侧面板中，展开"线管设置"，如图 2-189 所示。

图　2-189

线管的基本设置和电缆桥架类似，这里不再赘述。

3. 绘制线管

在平面视图、立面视图、剖面视图和三维视图中均可绘制水平、垂直和倾斜的电缆桥架。

（1）基本操作　进入线管绘制模式有以下方式：

1）单击功能区中"系统"选项卡下"电气"模板中的"线管"按钮，如图 2-190 所示。

图　2-190

2）选中绘图区已布置构件族的线管连接件，单击鼠标右键，在弹出的快捷菜单中选择"绘制线管"选项。

绘制线管的具体步骤和电缆桥架、风管、管道均类似，可参见之前章节的介绍。

平行线管的绘制是指根据已有的线管，绘制出与其水平或者垂直方向平行的线管，并不能直接绘制若干平行线管。通过指定"水平数"和"水平偏移"等参数来控制平行线管的绘制，其中"水平数"和"垂直数"线管如图 2-191 所示。

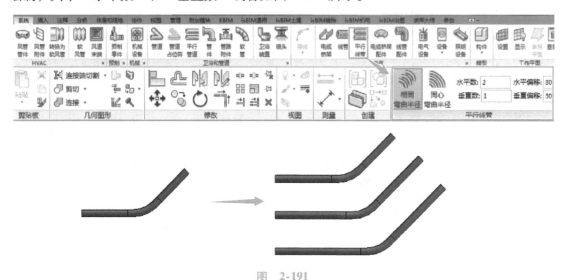

图　2-191

（2）带配件和无配件的线管　线管也分为带配件的线管和无配件的线管，绘制时要注意这两者的区别。带配件的线管和无配件的线管的显示对比如图 2-192 所示。

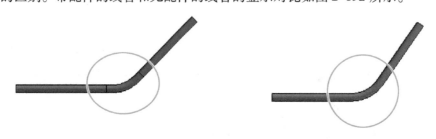

图　2-192

4. "表面连接"绘制线管

线管表面连接是针对线管创建的一个功能。通过在族的模型表面添加"表面连接件"，在项目中实现从该表面的任何位置绘制一根或多根线管。以一个照明配电箱为例，如图 2-193 所示，在其上表面添加了"线管表面连接件"。

如图 2-194 所示，单击鼠标右键表面连接件，在弹出的快捷菜单中选择"从面绘制线管"选项，进入"从面绘制线管"的编辑界面，如图 2-195a 所示。在该编辑界面中可以随意修改线管在这个面的位置，最后单击"完成连接"按钮，如图 2-195b 所示。这样就可以从这个面的某一位置引出线管。同样的做法可以从一个面引出多路线管，如图 2-196 所示。

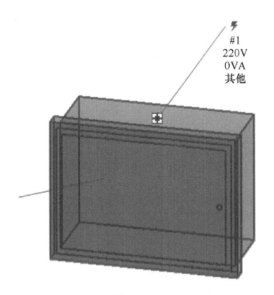

图 2-193

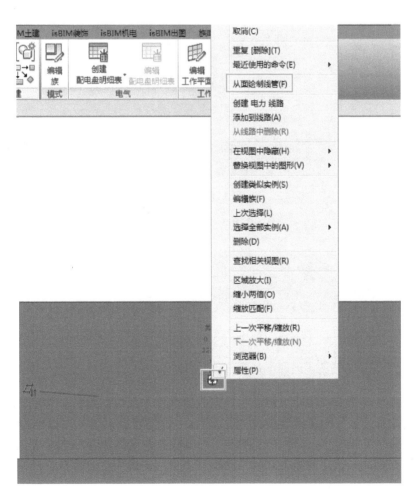

图 2-194

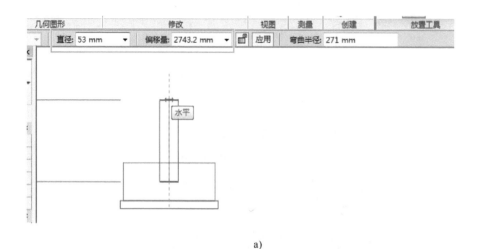

a)

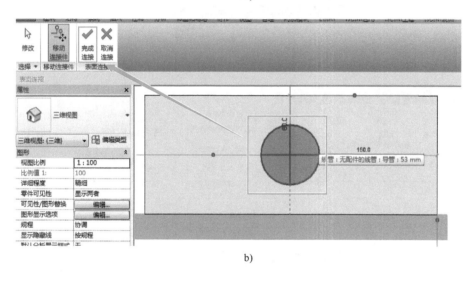

b)

图 2-195   图 2-196

2.8 系统分析

2.8.1 给排水系统分析

Revi 提供多种分析检查功能以协助用户完成给水排水系统的设计。"检查管道系统"用于检查器具和设备连接件的逻辑连接和物理连接;"调整管道大小"可以根据不同的计算方法自动计算管路系统的尺寸;"系统检查器"可以检查系统的流量和当量等信息;"管道图例"功能可以根据某一指定参数为管道系统附着颜色,协助用户分析检查设计。

1. 检查管道系统

Revit 提供了检查系统功能,单击功能区中"分析"选项卡下"检查系统"面板中的按钮"检查管道系统"命令将高亮显示，自动检查已指定管道系统的管道连接件的逻辑连接和物理连接。对于未指定管道系统的图元连接件，则不进行检查，如果被检查的连接件属性设置错误或物理连接不好，将显示"⚠"，单击"⚠"可查看错误报告，如果取消检查管道系统，再次单击"检查管道系统"即可，如图 2-197 所示。

通过设置"显示隔离开关"，可以显示项目中各专业未完成物理连接的连接件。单击功能区中"分析"选项卡下"检查系统"面板中的"显示隔离开关"按钮，打开"显示断开连接选项"对话框，勾选相应规程，单击"确定"按钮。如图 2-198 所示以"管道"为例，勾选"管道"复选框并单击"确定"按钮后，项目中所有未完成物理连接的管道连接件均显示"⚠"，单击"⚠"，查看开放连接件信息。如果要关闭管道的"显示隔离开关"，再次单击"显示隔离开关"按钮，取消勾选"管道"复选框即可。

图　2-197

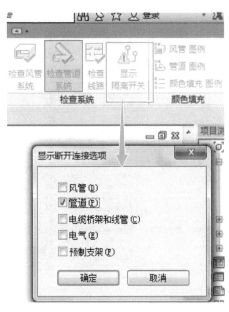

图　2-198

注意："显示隔离开关"可以检查项目中各专业所有未完成物理连接的连接件，与连接件是否指定到某规程下的特定系统无关。"显示隔离开关"只检查连接件是否完成物理连接，不检查连接件设置是否正确。

2. 调整管道大小

Revit 提供"调整风管/管道大小"功能，用以自动计算管路系统的尺寸。对于水管，可根据"速度"和"摩擦"的值调整管径大小。具体方法如下：

1）选择所要调整的管路。

2）在"修改"选项卡中单击"调整风管/管道大小"按钮，打开"调整管道大小"对话框。

3）指定"调整大小方法"和"限制条件"，单击"确定"按钮。

注意：1）可以选择整个管路系统进行调整大小，也可以将管路进行分段调整。选择需要调整管路的任意一个图元后，按 <Tab> 键，就可以继续拾取该管路中的其他图元，直至拾取整个系统中的所有图元。

2）Revit 自带的管件族，通过设定"标准"的族类型和使用"实例"参数关联连接件尺寸，如图 2-199 所示，能够实现根据管道尺寸自动调整管件尺寸。所以对于管道系统，可以先添加管件，再使用"调整风管/管道大小"功能调整管道大小。而对于 Revit 自带的管路附件族，大多数都具有指定尺寸的族类别（如 15mm、20mm 等），无法随管道大小自动调整尺寸。在管路中管路附件较多的情况下，建议先使用"调整风管/管道大小"功能调整管道尺寸，再添加管路附件。附件添加后，再次利用"调整管道大小"功能，既可以确保计算的准确性，又可以减少手动修改管路附件的工作量。

图　2-199

3. 系统检查器

Revit 提供了系统检查器功能，可以检查系统的流量和当量等信息。系统检查器功能在各个视图中均可使用。

对于逻辑连接和物理连接良好的系统，用户有两种方法可以激活"系统检查器"命令。

1）选择系统中任意图元，然后单击功能区中的"修改"选项卡中的"系统检查器"按钮，如图 2-200 所示。

图　2-200

2）单击鼠标右键系统浏览器中所创建系统的名称，在弹出的快捷菜单中选择"检查"

选项，如图2-201所示，激活的"系统检查器"会浮动在绘图区域上。

执行"检查"命令后，被检查的系统将高亮显示。给水系统检查各管段的流向、流量和卫浴装置当量，箭头表示流向，方框中的文字和数字表示该管段的流量和卫浴装置当量值。排水系统检查各管段的卫浴装置当量。

注意：激活"系统检查器"的前提是逻辑连接已创建，物理连接已连接良好，二者缺一不可。

4. 管道压力损失报告

Revit新增的"管道压力损失报告"功能可以对完成逻辑连接和物理连接的水管系统进行

图 2-201

压力损失计算并生成相应报告，辅助设计师进行管路系统水力计算。具体步骤如下：

1）单击"分析"选项卡下"报告和明细表"面板中的"管道压力损失报告"按钮。

2）弹出"管道压力损失报告-系统选择器"对话框，在对话框中选择需要计算压力损失的系统，单击"确定"按钮。

3）进入"水管压力损失报告设置"，通过编辑"可用字段"设置报告所需统计的信息，单击"生成"按钮。

4）设置报告的存储路径，然后命名报告并保存，即生成压力损失报告。

2.8.2 暖通系统分析

Revit提供多种分析检查功能以协助用户完成暖通空调系统的设计。"检查系统"用于检查设备连接件的逻辑连接和物理连接；"调整风管/管道大小"可以根据不同计算方法自动计算管路的尺寸；"系统检查器"可以检查系统的流量、流速、压力等信息；"颜色填充"功能可以根据某一指定参数为风管系统、水管系统和空间等附着颜色，协助用户分析检查设计；"能量分析"可以在概念设计阶段对建筑体量模型进行能耗评估。

1. 检查风管系统

Revit提供了检查系统功能。单击"分析"选项卡可以切换至"检查系统"面板。

1）在"检查系统"面板中单击"检查风管系统"按钮，"检查风管系统"将高亮显示，自动检查已指定到"机械"规程下的风管系统的图元连接件的逻辑连接和物理连接，对于未指定风管系统的图元连接件，将不进行检查。如果被检查的连接件属性设置错误或物理连接不好，则将显示"⚠"，单击"⚠"可查看错误报告，如图2-202所示。如果取消检查风管系统，则再次单击"检查风管系统"按钮即可。

注意：分别单击"检查风管系统""检查管道系统"和"检查线路"按钮，可以同时检查风管、管道和线路系统。

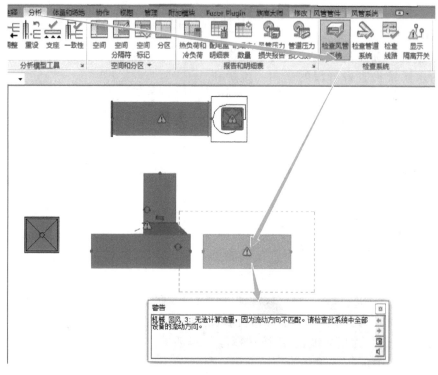

图　2-202

2）通过设置"显示隔离开关"，可以显示项目中各专业未完成物理连接的连接件。在"检查系统"面板中单击"显示隔离开关"按钮，打开"显示断开连接选项"对话框，勾选相应规程，单击"确定"按钮。以"风管"为例，勾选"风管"复选框并单击"确定"按钮后，显示项目中所有未完成物理连接的风管。单击"⚠"按钮，查看开放连接件信息，如图2-203所示。

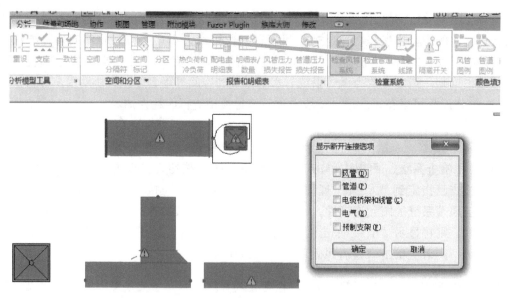

图　2-203

注意："显示隔离开关"可以检查项目中各专业所有未完成物理连接的连接件，与连接件是否指定到某规程下的特定系统无关。"显示隔离开关"只检查连接件是否完成物理连接，不检查连接件设置是否正确。

2. 调整风管/管道大小

Revit 提供"调整风管/管道大小"功能，用以自动计算管路系统的尺寸。调整风管大小的计算方法涵盖了目前国内常用的风管计算方法：静态恢复法、假定速度法和相等摩擦法。在进行计算时，还可以添加限制条件、控制风管高度或宽度等，用户可直接使用该功能进行风管尺寸的调整。具体方法为：选择所要调整的风管管路，单击"调整风管/管道大小"按钮，打开"调整风管大小"对话框，选择调整的方式和限制条件，单击"确定"按钮，如图 2-204 所示。

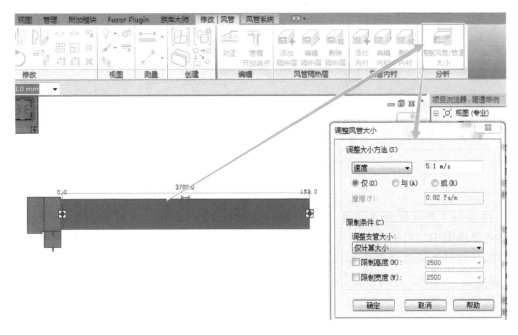

图　2-204

注意：1）可以选择整个管路系统进行调整大小，也可以将管路进行分段调整。选择需要调整管路的任意一个图元后，按 <Tab> 键，就可以继续拾取该管路中的其他图元，直至拾取整个系统的所有图元。

2）当无法同时满足尺寸限制条件和流量（速度）限制条件时，将优先满足尺寸限制条件。

3）风管系统中加载的风管附件构件族，如果使用"实例"参数关联连接件尺寸，则能够实现根据风管尺寸自动调整附件尺寸。这时可以先添加风管附件，再使用"调整风管/管道大小"功能调整风管大小。而对于大多数都具有指定尺寸的风管附件构件族（如 200mm × 320mm 等），使用"类型"参数关联连接件尺寸将无法随风管大小自动调整尺寸，如图 2-205 所示。建议先使用"调整风管/管道大小"功能调整风管尺寸，再添加附件。附件添加后，再次利用"调整风管/管道大小"功能，既可以确保计算的准确性，又可以减少手动修改的工作量。

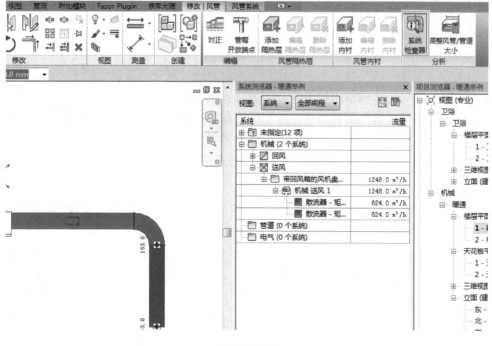

图 2-205

3. 系统检查器

Revit 提供了系统检查器功能，可以检查系统的流量、流速、压力等信息，系统检查器功能在各个视图中均可使用。对于逻辑连接和物理连接良好的系统，单击系统中的任意图元或单击鼠标右键系统浏览器中系统的名称，在弹出的快捷菜单中选择"检查"选项，激活"系统检查器"命令，进入检查界面，对系统的流向、流量、压力、压损等进行检查，被检查的系统将高亮显示。

注意：对于复杂管路系统，系统检查器会自动对管路进行分段检查，显示流量、压力及压损等值。注意，分段显示的检查不是管段累计值，如检查窗口显示的管段 a 的压力损失值不包含管段 b 或者管段 c 的压力损失值，如图 2-206 所示。如果需要检查整个管段的压力损失值，需要手动记录各管道的压力损失值后再累加计算，分段的原则是管路遇到支管或者变径，应分段检查。

4. 风管压力损失报告

Revit 新增的"风管压力损失报告"功能可以对完成逻辑连接和物理连接的风管系统进行压力损失计算并生成相应报告，辅助设计师进行管路系统水力计算。具体步骤如下：

1）单击"分析"选项卡下"检查系统"面板中的"风管压力损失报告"按钮。

2）打开"风管压力损失报告-系统选择器"对话框，选择需要计算压力损失的系统，单击"确定"按钮。

3）进入"风管压力损失报告设置"，通过编辑"可用字段"设置报告所需统计的信息，单击"生成"按钮。

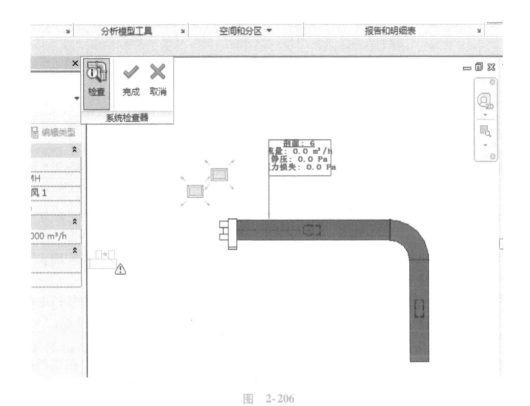

图　2-206

4）设置报告的存储路径，然后命名报告并保存，即生成压力损失报告。

2.8.3　电气系统分析

1. 电路属性

线路一旦创建完毕，软件就会自动计算线路的相关电气参数，如线路总的视在和实际电流、视在和实际负荷、电压降、导线长度、尺寸和数目等，并同时反映在"电路属性"中。

查看电路属性的步骤如下：

1）选择线路中的任意一个图元。

2）按 < Tab > 键，使与之相连接的图元也被高亮显示，重复按 < Tab > 键直到代表电路的虚线框出现。

3）再单击该图元，则整个电路被选中，左侧停靠栏将出现电路的"属性"选项板。若在停靠栏的"属性"选项板被关闭的情况下，可单击"电路"选项卡中的"属性"按钮，打开左侧停靠栏的"属性"选项板，展开"电气负荷"可以看到线路的相关信息。

2. 检查线路

Revit 提供了检查电气线路的命令。单击功能区中"分析"选项卡"检查系统"面板中的"检查线路"按钮，如图 2-207 所示。如果项目文件有未连接的设备，则会弹出警告窗口。如果该未连接的设备在当前激活的视图中，则该设备高亮显示。

在显示的警告窗口中，单击"展开警告对话框"按钮可查看警告的详细信息。

图 2-207

2.9 工程量统计

下面以"机电设备明细表"为例，介绍如何创建常规明细表。

1. 指定族类别

打开"新建明细表"对话框的方式是：单击功能区"视图"选项卡下"明细表"面板中的"明细表/数量"按钮。

打开对话框后，选择需要的相应的族类别。默认情况下，明细表名称为"机电设备明细表"，选中"建筑构件明细表"单选按钮，如图 2-208 所示。

2. 明细表属性

指定明细表的类别后，单击"确定"按钮进入"明细表属性"对话框。在"明细表属性"对话框中可以对明细表进行详细编辑。

1）设置"字段"选项卡，字段是明细表所要统计的参数。

Revit 为不同的族类别的明细表分别提供了不同的可用字段，可用字段通常是软件对某族类别设置的自带的参数。用户也可以通过为某族类别添加"共享参数"或添加项目参数，增加该类别在明细表中统计的字段。

如果勾选"包含链接中的图元"复选框，则增加"项目信息"和"RVT 链接"两个类别，如图 2-209 所示。

图 2-208

图 2-209

2）设置"过滤器"选项卡，如图 2-210 所示，根据过滤条件在明细表中只显示满足过滤条件的信息。如设置过滤条件"标高"等于"1F"，则明细表将只显示"1F"楼层的火警设置。根据选择的字段不同，在过滤器中可以设置 4 个不同的过滤条件。但是有些明细表字段不支持过滤，如族、类型、族和类型、面积类型（在面积明细表中）、从房间到空间（在门明细表中）、材质参数等。

3）设置"排序/成组"选项卡，根据已添加的字段设置明细表排序，如图 2-211 所示。

图　2-210

图　2-211

勾选"页眉"和"页脚"两个复选框，可以为根据字段排序后的明细表添加页眉和页脚。

勾选"总计"复选框可显示图元的总数。

勾选"逐项列举每个实例"复选框可显示某类图元的每个实例，取消勾选可将实例属性相同的图元层叠在某一行。

4）设置"格式"选项卡，编辑已选用"字段"的格式。

"格式"选项卡中可以对选用"字段"的标题和对齐方式进行编辑，还可以使用"条件格式"功能定义某一字段在特定条件下的显示，帮助用户在明细表中快速定位符合条件的图元。

5）设置"外观"选项卡。设置明细表显示，如列方向和对齐、网格线、轮廓线以及字体样式等。明细表的外观部分设置的变化要在图纸视图中才能看到。

2.9.1　明细表的编辑

在"修改明细表/数量"选项卡中分别有"属性""参数""列""行""标题和页眉""外观""图元"面板，下面具体介绍其功能。

1. "属性"面板

单击功能区"属性"面板中的"属性"按钮可打开或关闭明细表的"属性"选项板。

2. "参数"面板

"参数"面板用于更改参数，选中某单元格，然后在"参数"面板中选择希望添加的类别和参数。如图 2-212 所示，将"机械设备"下的"标高"参数替换为"注释"功能面板"参数"中的工具 0.0 （格式单位），用于设置度量单位的格式。选择一个单元格、列索引或标题，然后单击 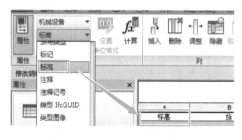，修改单位或单位符号，单击
"确定"按钮完成设置。

"参数"面板中的工具"f_x（计算）"用于
将计算值添加到列中。

3. "列"面板

选择某列，可将列添加或删除到列中并对列
进行调整和隐藏等操作。其中添加列可以分别对
正文添加列和对标题添加列。

图　2-212

1）将列添加到正文："列"面板中的工具　（插入）用于将列插入到明细表中。单击
"列"面板上的　打开"选择字段"对话框，如图 2-213 所示。其作用类似于"明细表属
性"对话框中的"字段"选项卡。添加新的明细表字段，并根据需要调整它们的顺序。

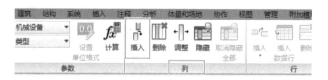

图　2-213

2）将列添加到标题：选择要添加列的左侧一列。单击"列"面板上的　（插入）将
列添加到右侧，如图 2-214 所示。

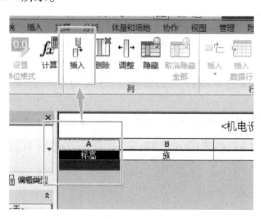

图　2-214

3）删除列：选择多个单元格，单击"　（删除列）"，就可以对不需要的列进行删除。

4）隐藏和取消列隐藏：选择一个单元格或列页眉，然后单击　（隐藏列）。单击
"　（取消隐藏所有列）"可显示隐藏的列。

提示：隐藏的列不会显示在明细表视图或图纸中。位于隐藏列中的值可以用于"过滤
器"和"排序/成组"明细表中的数据。

5）调整列宽：选择多个单元格，然后单击"**⊹⎮⊹**（调整列宽）"，并在对话框中指定一个值。选择多个列，以将它们全部设置为一种尺寸。

4. "行"面板

可进行添加或删除行，以及调整行宽的操作。"行"的相关操作与"列"一样，区别在于行的插入只能在标题中操作，且能选择"在选定位置上方"或"在选定位置下方"插入，其次对于行而言，不能隐藏行或取消行的隐藏。

5. "标题和页眉"面板

"标题和页眉"面板是对标题和页眉的编辑，有"合并和取消合并""插入图像""清除单元格""解组"和"成组"的设置。

"合并和取消合并"功能可以将多个单元格合并为一个，或者将合并的单元格拆分为其原始状态。值得注意的是，"合并和取消合并""插入图像""清除单元格"这 3 个功能只对标题起作用。

对于"成组"和"解组"这两个功能，只有对选择的字段这一行起作用。同样地，"解组"的功能也是如此。

6. "外观"面板

"外观"面板是对字体和边界的设置，使明细表更满足于个性化需求。表 2-2 对面板上的各个功能进行了概述。

表 2-2　外观面板概述

	功　能　概　述
着色	给选定单元格添加背景颜色
边界	给选定的单元格指定线宽和边框
重设	撤销被编辑过的单元格或列的设置，但条件格式不变
字体	对字体进行大小、样式以及颜色进行设置
对齐水平	选择多个单元格，从水平对齐单元格
对齐垂直	选择多个单元格，从垂直对齐单元格

明细表的外观部分设置的变化要在图纸视图中才能看到。建议将明细表和视图这两个窗口平铺，这样修改外观的同时可以观察到在图纸视图中表格的变化。

2.9.2　明细表的导出

Revit 可将明细表导出作为一个分隔符文本，该文本可在许多电子表格中打开，如Microsoft Office Excel。下面介绍作为分隔符文本的导出步骤。

1）单击 **⬛**→"导出"→"报告"→"明细表"（见图 2-215）。在"导出明细表"对话框中，指定明细表的名称和目录，单击"保存"按钮，将出现"导出明细表"对话框。

2）在"外观"选项卡中，设置导出选项，如图 2-216 所示。

通过勾选需要导出的标题、列页眉、组页眉、页脚或空行等选项来决定哪些信息需要导出。

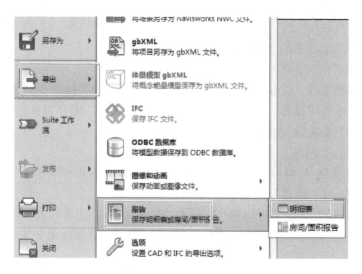

图 2-215

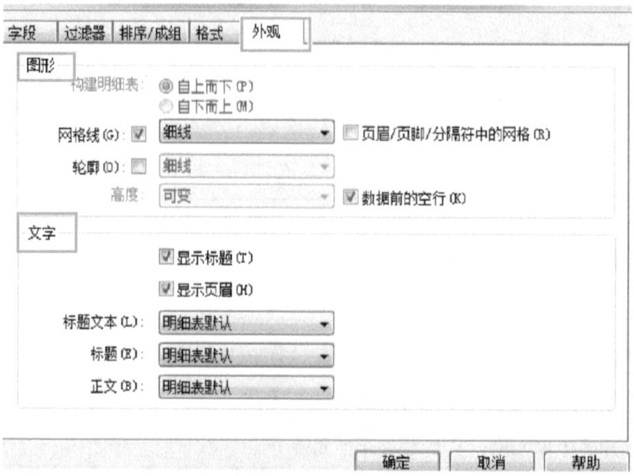

图 2-216

3）单击"确定"按钮，Revit 会将该文件保存为分隔符文本。

2.10 碰撞检查

水暖电设计提交前，需要进行管线综合，找出并调整有碰撞的管线（风管、管道、线管、电缆桥架）和设备等。使用 Revit 的"碰撞检查"功能，能快速准确地确定某一项目中图元之间或主体项目和链接模型间的图元之间是否存在相互碰撞。

使用"碰撞检查"功能的操作方法如下：

1）选择图元。如果要进行项目局部图元碰撞检查，应先选择所需检查的图元。要检查该视图范围内的风管管路和水管管路的碰撞，可框选该视图范围中的所有图元。如果要检查整个项目中的图元，可以不选择任何图元，直接进入第 2）步的操作。

2）运行碰撞检查。单击功能区中"协作"选项卡下"碰撞检查"按钮下拉菜单中的"运行碰撞检查"按钮，如图 2-217 所示，打开"碰撞检查"对话框，如果在视图中选择了几类图元，则该对话框将进行过滤，可根据图元类别进行选择。如果未选择任何图元，则对话框将显示当前项目中的所有类别。

图　2-217

3）设置"类别来自"下拉列表框。在该对话框中，分别从左侧的第一个"类别来自"（即类别 1）和右侧的第二个"类别来自"（即类别 2）下拉列表框中选择一个值，这个值可以是"当前选择"和"当前项目"，也可以是链接的 Revit 模型，如图 2-218 所示。软件将检查类别 1 中图元和类别 2 中图元的碰撞。

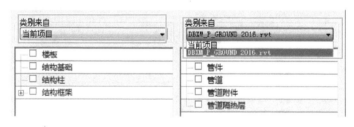

图　2-218

在检查和"链接模型"之间的碰撞时应注意以下几点：

① 能检查"当前选择"和"链接模型（包括其中的嵌套链接模型）"之间的碰撞。

② 能检查"当前项目"和"链接模型（包括其中的嵌套链接模型）"之间的碰撞。

③ 不能检查项目中两个"链接模型"之间的碰撞。

4）选择图元类别。分别在类别 1 和类别 2 下勾选所需检查图元的类别。如图 2-219 所示，将检查当前项目中"结构框架"与"管道"图元之间的碰撞。

图　2-219

5）检查冲突报告。完成以上步骤后，单击"碰撞检查"对话框右下角的"确定"按钮。如果没有要报告的冲突，则会显示一个对话框，通知"未检测到冲突"。如果有要报告的冲突，则会显示"冲突报告"对话框。该对话框中会列出相互之间发生冲突的所有图元。

"冲突报告"根据生成检查的方式进行分组。"冲突报告"对话框上方的"成组条件"有两种："类别1，类别2"和"类别2，类别1"，如图2-220所示。例如，如果运行管道与风管的碰撞检查，则对话框会先列出管道类别，然后列出与管道有冲突的风管。

图　2-220

在"冲突报告"对话框中可进行以下操作。

① 显示：要查看其中一个有冲突的图元，在"冲突报告"对话框中单击修改图元名称，单击下方的"显示"按钮，该图元将在当前视图中高亮显示，如图2-221所示。要解决冲突，在视图中直接修改该图元即可。

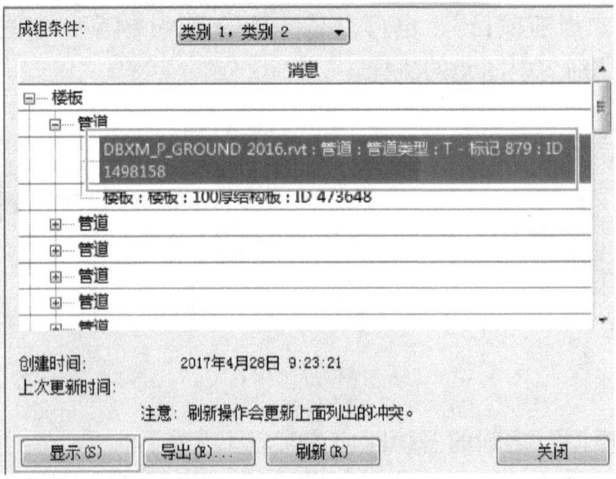

图　2-221

② 导出：可以生成 HTML 版本的报告。在"冲突报告"对话框中，单击"导出"按钮，输入名称，定位到保存报告的所需文件夹中，然后单击"保存"按钮。

③ 刷新：解决冲突后，在"冲突报告"对话框中单击"刷新"按钮，如果问题已解决，则会从冲突列表中删除发生冲突的图元。注意"刷新"仅重新检查当前报告中的冲突，不会重新运行碰撞检查。

关闭"冲突报告"对话框后，要再次查看生成的上一个报告，可以单击功能区中"协作"选项卡下"碰撞检查"按钮下拉菜单的"显示上一个报告"按钮，如图2-222所示。该工具不会重新运行碰撞检查。

注意：在大模型中，对所有类别进行相互检查费时较长，建议不要进行此类操作。要缩减处理时间，应选择有限的图元集或有限数量的类别。

图　2-222

同目前在二维图纸上进行管线综合相比，使用 Revit 进行管线综合，不仅具有直视的三维显示，而且能快速、准确地找到并修改碰撞的图元，从而极大地提高管线综合的效率和正确性，使项目的设计和施工质量得到保证。

2.11　协同工作

在建筑项目设计中，建筑、结构和设备各专业需要及时沟通实际理念，共享设计信息。例如，建筑专业要提供标高、轴网等信息给结构和设备专业。

Revit 提供了"链接模型""工作共享"和"碰撞检查"等功能，可以帮助设计团队进行高效的协同工作。针对同一项目，各专业工程师之间通过实时共享设计信息，及时同步项目文件和模拟管线综合，准确便捷地进行设计管理，提高设计质量和设计效率，从而有效解决传统设计流程中工程信息交互滞后和设计人员沟通协调不畅的问题。

在各专业开展设计前，就应确定各专业间的协同工作方式，尤其是"链接模型"和"工作共享"方式的选择，应在设计前制订操作方案。

Revit 中的"链接模型"是指工作组成员在不同专业项目文件中以链接模型共享设计信息的协同设计方法。这种设计方法的特点是：各专业主题文件独立，文件较小，运行速度较快，主体文件可以实时读取链接文件信息以获得链接文件有关修改通知，但无法在主体文件中直接编辑链接模型。

采用"链接模型"方法进行项目设计的核心是：链接其他专业的项目模型，并应用"复制/监视"功能监视链接模型中的修改。例如，设备工程师将建筑模型链接到机电项目文件中，作为机电设计的起点。建筑模型的更改在机电项目文件中会同步更新，对于链接模型中某些影响协同工作的关键图元，如标高、轴网、墙、卫生器具等，可应用"复制/监视"功能进行监视，建筑师一旦移动、修改或删除了受监视的图元，设备工程师就会收到通知，以便调整和协同设计。建筑、结构项目文件也可链接机电项目文件，实现 3 个专业文件的互相链接。这种专业项目文件的互相链接也同样适用于各设备专业（给排水、暖通和电气）之间。

Revit 项目中可以链接的文件格式有 Revit 文件（rvt）、IFC 文件、CAD 文件和 DWF 标记文件。本节将重点介绍如何链接、管理和绑定 Revit 模型，以及如何应用"复制/监视"功能。

　链接 Revit 模型

下面以机电项目样板文件链接建筑模型生成机电设计的主题文件为例，说明链接 Revit 模型的操作方法。

1）选择一个机电项目样板文件，新建一个项目或打开现有项目。

2）单击"插入"选项卡下"链接"面板中的"链接 Revit 按钮（见图 2-223）"，打开"导入/链接 RVT"对话框。

图　2-223

3) 在该对话框中，选择需要链接的 Revit 模型。

4) 指定"定位"方式。在"定位"下拉列表框中有 6 个选项，如图 2-224 所示。大多数情况下选择"自动-原点到原点"选项。

6 个选项的含义分别是：

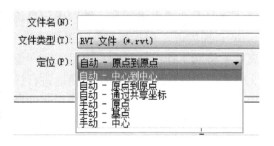

图　2-224

① 自动-中心到中心：将导入的链接文件的模型中心放置在主体文件的模型中心。Revit 模型的中心是通过查找模型周围的边界框中心来计算的。

② 自动-原点到原点：将导入的链接文件的原点放置在主体文件的原点上。用户进行文件导入时，一般都使用这种定位方式。

③ 自动-通过共享坐标：根据导入的模型相对于两个文件之间共享坐标的位置，放置导入的链接文件的模型。如果文件之间当前没有共享的坐标系，则这个选项不起作用，系统会自动选择"中心到中心"的方式。该选项仅适用于 Revit 文件。

④ 手动-原点：手动把链接文件的原点放置在主体文件的自定义位置。

⑤ 手动-基点：手动把链接文件的基点放置在主体文件的自定义位置。该选项只用于带有已定义基点的 AutoCAD 文件。

⑥ 手动-中心：手动把链接文件的模型中心放置到主体文件的自定义位置。

5) 单击右下角的"打开"按钮，该建筑模型就链接到了项目文件中。单击"打开"按钮前可通过单击旁边的下拉按钮，选择需要打开的工作集。

6) 模型链接到项目文件中后，在视图中选择链接模型，可对链接模型执行拖曳、复制、粘贴、移动和旋转操作。通常习惯将链接模型锁定以避免被意外移动。选中链接模型，单击功能区中的"修改|RVT 链接"选项卡下"修改"面板中的"锁定"按钮 ⬜，如图 2-225 所示，链接模型即被锁定。

链接的 Revit 模型列在项目浏览器的"Revit 链接"分支中，如图 2-226 所示，显示了链接模型。如果项目中链接的源文件发生了变化，则在打开项目时将自动更新该链接。

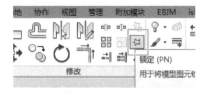

图　2-225

图　2-226

2.11.2 管理链接

打开"管理链接"对话框的方法有以下 3 种：

1）单击功能区中"插入"选项卡下"链接"面板中的"管理链接"按钮，如图 2-227 所示。

图 2-227

2）单击功能区中"管理"选项卡下"管理项目"面板中的→"管理链接"按钮，如图 2-228 所示。

图 2-228

3）单击绘图区域中的某链接模型，激活"修改|RVT 链接"选项卡，单击"管理链接"按钮，如图 2-229 所示。

图 2-229

1. 链接文件信息

"管理链接"对话框中有"Revit""IFC""CAD 格式""DWF 标记"和"点云"等选项卡。选项卡下面的各列提供了有关链接文件的信息。

在"管理链接"对话框中可对信息进行排序。单击列页眉，按该列中的值对行进行排序。再次单击该列页眉，可按相反的顺序进行排序。例如，单击"链接的文件"列页眉可按文件名的字母顺序对行进行排序。默认情况下，按链接文件名对行进行排序。并且下次打开该对话框时，信息按上次指定的方式排序。

单击"Revit"选项卡，如图 2-230 所示。在"Revit"选项卡中显示了链接文件的"状态""参照类型""位置未保存""保存路径""路径类型"和"本地别名"信息。

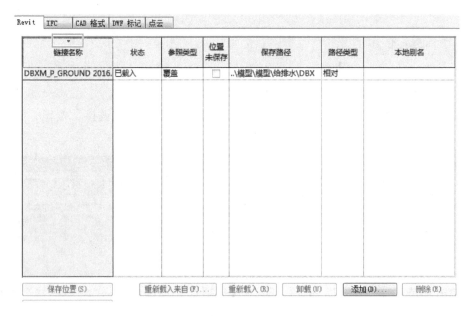

图 2-230

（1）状态/位置未保存/保存路径/本地别名　这些参数都是只读状态，显示的是链接文件的相关信息。

1）状态：指示在主文件中是否载入链接文件。该字段将显示为"已载入""未载入"或"未找到"。

2）位置未保存：指示链接模型的位置是否保存在共享坐标系中。

3）保存路径/本地别名："保存路径"指示的是链接文件在计算机上的位置。在"工作共享"中，如果链接模型为中心文件的本地副本，则"保存路径"下显示的是其中心文件的路径。"本地别名"指示的是链接文件的本地位置，如果链接文件已经是中心文件了，则"本地别名"为空。

（2）路径类型　在"路径类型"的下拉列表中有两个选项，即"相对"和"绝对"。使用时通常选择"相对"选项，这样当项目文件跟链接文件一起移动到新目录中时，链接可以继续正常工作。如果选择"绝对"选项，链接将被破坏，需要重新载入。如果链接到工作共享的项目（如其他用户需要访问的中心文件），文件可能不会移动，最好使用绝对路径。

2. 链接管理选项

在"链接的文件"列下单击或选择多个链接文件，可通过以下选项对链接文件进行相关操作。

1）保存位置：保存链接实例的新位置。

2）重新载入来自：如果链接文件已被移动，则更改链接的路径。

3）重新载入：载入最新版本的链接模型。也可以先关闭项目再重新打开项目，链接的模型将自动重新载入。如果启用了工作共享，则链接将包含在工作集中。如果更新链接文件并想重新载入该链接，则该链接所处的工作集必须处于可编辑状态。如果工作集不可编辑，则会显示一条错误信息，指示由于工作集未处于可编辑状态，因而不能更新链接。

4）卸载：删除项目中链接模型的显示，但继续保留链接。

5）删除：从项目中删除链接。

2.11.3 绑定链接

"绑定链接"可使链接模型转换为组并载入到主体项目中，成组后可以编辑组中的图元。完成编辑后，也可以将组转换为链接的 Revit 模型。

1. 将链接的 Revit 模型转换为组

在绘图区域中选择链接的 Revit 模型，单击功能区中"修改|RVT 链接"选项卡下的"绑定链接"按钮，打开"绑定链接选项"对话框，选择要在组内包含的图元和基准，然后单击"确定"按钮，如图 2-231 所示。如果项目中有一个组的名称与链接的 Revit 模型的名称相同，则将显示一条消息以指明此情况。可以执行下列操作之一。

1）单击"是"按钮替换现有组。

2）单击"否"按钮使用新名称保存组。选择"否"会显示另一条消息，说明链接模型的所有实例都将从项目中删除，但链接模型文件仍会载入到项目中。可以单击消息对话框中的"删除链接"将链接文件从项目中删除，也可以在"管理链接"对话框中删除该文件。

3）单击"取消"按钮可以取消转换。

单击转换后的组，在"修改|模型组"选项卡的"成组"面板中可以进一步对组进行操作，以修改其中的图元，如图 2-232 所示。

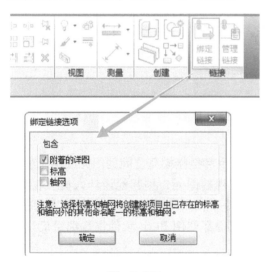

图 2-231

图 2-232

2. 将组转换为链接的 Revit 模型

在绘图区域中选择该组，单击功能区中"修改|模型组"选项卡下的"链接"按钮，打开"转换为链接"对话框，如图 2-233 所示。

在"转换为链接"对话框中，选择下列选项之一。

1）替换为新的项目文件：创建新的 Revit 模型。选择该选项时，将打开"保存组"对

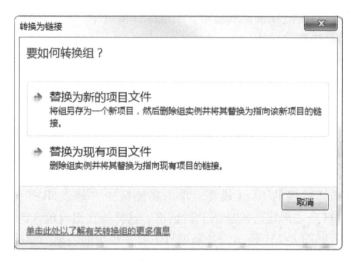

图 2-233

话框。定位到要保存文件的位置。如果需要新链接具有与组相同的名称，则采用默认名称，否则输入链接的名称，然后单击"保存"按钮。

2）替换为现有项目文件：将组替换为现有的 Revit 模型。选择此选项时，将打开"打开"对话框。定位到要使用的 Revit 文件的位置，然后单击"打开"按钮。

如果项目中有一个链接 Revit 模型的名称与组相同，则将显示一条消息指明此情况。可以执行下列操作之一。

① 单击"是"按钮以替换文件。

② 单击"否"按钮使用新名称保存文件。将打开"另存为"对话框，用以输入链接 Revit 模型的新名称。

③ 单击"取消"按钮以取消转换。

2.11.4 复制/监视

Revit 的"复制/监视"功能指的是监视主体项目和链接模型之间的图元或某一项目中的图元。如果某一设计人员移动、修改或删除了受监视的图元，则其他设计人员会收到通知，方便设计人员可以及时调整设计或与其他团队成员一起解决问题，这一功能可以帮助提高设计的准确性。需要注意的是，只有建筑、结构和设备都使用 Revit 软件进行项目设计，才能使用"复制/监视"功能进行设计协调。

在 Revit 中，"复制/监视"功能是两种工具的合称，即"复制"工具和"监视"工具。这两种工具都可以在相同类别的两个图元之间建立关系并进行监视。它们的区别在于：使用"复制"工具需要将链接模型中的图元复制到当前项目，而使用"监视"工具，无须将链接模型中的图元复制到当前项目。下面以复制和监视建筑链接模型中的图元为例说明如何在机电设计中应用"复制/监视"功能。

1. 复制标高等图元

链接模型中可使用"复制"工具复制的图元类别有：标高、轴网、墙、柱（非斜柱）、楼板、洞口和机电设备（卫浴装置、喷头、安全设备、护理呼叫设备、数据设备、机械设备、火警设备、灯具、照明设备、电气装置、电气设备、电话设备、通信设备和风道末端）。在复制设置和方法上，复制标高、轴网、墙、柱（非斜柱）、楼板和洞口基本相同，将在本节中介绍。而复制机电设备与它们略有差别，将在下一节中介绍。

复制标高等图元的操作方法如下：

（1）启动"复制"工具 链接建筑模型后，在机电项目文件中，单击功能区中"协作"选项卡下"坐标"面板中"复制/监视"按钮下拉菜单中的"选择链接"按钮，如图2-234所示。如果选择"使用当前项目"，则复制和监视当前项目中的选定图元。

在绘图区域中选中链接模型后，激活"复制/监视"面板，如图2-235所示。

图 2-234

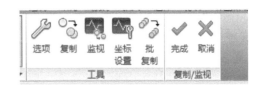

图 2-235

（2）复制图元 指定图元类型的选项后，使用"复制"工具（该工具不同于其他复制工具）创建选定图元的副本，并在复制的图元和原始图元之间建立监视关系。如果原始图元发生修改，则打开主体项目或重新载入链接模型时会显示一条警告。例如，可以将链接建筑模型中的标高复制到机电模型中。在建筑模型中移动标高时，将显示一条警告提示设备工程师。按以下步骤选择并复制图元，如图2-236所示。

1）在"复制/监视"面板中单击"复制"按钮后激活"复制/监视"选项栏。

2）在绘图区域中选择一个图元。如果要选择多个图元，则勾选"复制/监视"选项栏中的"多个"复选框。

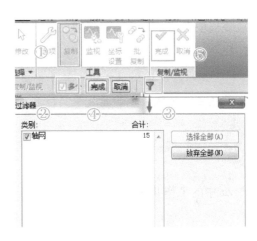

图 2-236

3）勾选"多个"复选框后，在绘图区域中框选图元，单击选项栏中的"过滤器"按钮，使用滤器选择图元类别，单击"确定"按钮。

4）单击选项栏中的"完成"按钮。

5）单击选项卡中的"完成"按钮，完成复制。

链接模型中可以被复制的图元类别有：标高、轴网、墙、柱（非斜柱）、楼板、洞口和机电设备（卫浴装置、喷头、安全设备、护理呼叫设备、数据设备、机械设备、火警设备、灯具、照明备、电气装置、电气设备、电话设备、通信设备和风道末端）。

2. 监视

"复制/监视"面板中的"监视"工具和"复制"工具的区别在于：使用"监视"工具，无须将链接模型中的图元复制到当前项目，就可以在相同类别的两个图元之间建立关系并进行监视。如果原始图元发生修改，则打开主体项目或重新载入链接模型时会显示一条警告。需要注意的是，不能在不同类别的图元之间建立这种监视关系。使用"监视"工具的操作方法如下：

1）在"复制/监视"面板中单击"监视"按钮。

2）选择当前项目中的某一图元。

3）选择链接模型中相同类型的某一图元，则在步骤2）中选择的当前项目的图元旁边将显示一个监视符号，以指示该图元与链接模型中的原始图元有关。

注意：链接模型中可以受监视的图元类别有：标高、轴网、墙、柱（非斜柱）、结构柱、楼板、洞口和机电设备（卫浴装置、喷头、安全设备、护理呼叫设备、数据设备、机械设备、火警设备、灯具、照明设备、电气装置、电气设备、电话设备、通信设备和风道末端）。需要注意的是，对当前项目中的机电设备，无法应用"监视"工具建立图元之间的监视关系。

4）根据需要，继续选择任意多个图元对。

5）单击"✔"按钮。

如果在主体项目中移动、修改或删除监视图元，将出现相应的警告。如果受监视图元对应的链接模型中的原始图元被移动、修改或删除，则打开主体项目或重新载入链接模型时会显示一条警告。

注意：将模型链接到当前项目并在要进行监视的图元之间建立关系后，不要更改链接模型或当前项目的文件名。若更改了文件名，则无法保持相应的监视关系。

2.11.5　工作共享

Revit 中的工作共享是指允许多名工作组成员同时对同一个项目文件进行处理的协同设计方法。

工作共享的特点是：协同性更强，工作组成员通过"与中心文件同步"操作，实时更新整个项目的设计信息，保证共享信息的及时性和准确性；同时通过"借用图元"等操作可以向其他工作组成员发送变更请求，便捷地进行沟通和配合。

采用工作共享方法进行项目设计的核心是：先创建一个中心文件，中心文件存储项目中所有工作集和图元的当前所有权信息；工作组成员通过保存各自的中心文件的本地副本（即本地文件），编辑本地文件，然后与中心文件同步，将其更改发布到中心文件，以便其他成员随时从中心文件获取更新信息。

中心文件的选取应依据项目的规模而定，可以创建任含机电3个专业设计内容的中心文件，也可以创建包含一个或某几个特定专业设计内容的中心文件。使用工作共享通常有以下两种模式。

模式 1：项目规模小，建立一个机电中心文件，水、暖、电各专业建立自己的本地文件，本地文件的数量根据各专业设计员的数量而定，如图 2-237 所示。

模式 2：项目规模大，水、暖、电各专业分别建立自己的中心文件，各专业间再使用链接模型进行协调，如图 2-238 所示。设计员在本专业中心文件的本地文件上工作，如两个给排水设计人员在一个给排水中心文件上创建各自的给排水文件。

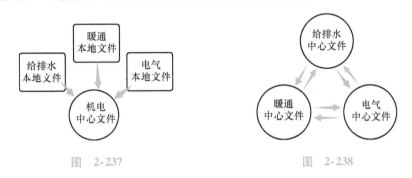

图　2-237　　　　　　　　　　　图　2-238

模式 2 中，各专业模型是独立的，各专业中心文件的更新速度相对较快，如果需要做管线综合，可以将 3 个专业的中心文件互相链接。本节将以模式 1 为例，介绍创建中心文件、从机电中心文件创建各专业本地文件、编辑保存本地文件的方法。模式 2 可参考模式 1 进行操作。

注意：在开始工作共享前，应确保所有工作组成员均使用同一版本的 Revit 软件。

2.11.6　创建和编辑机电中心文件

1. 创建中心文件（启用工作共享）

1）先链接其他专业的 Revitv 模型。按上一节"链接 Revit 模型"中介绍的方法，将建筑和结构中心文件链接到机电项目样板文件中，完成基本的设置。

注意：建筑和结构中心文件也可链接机电中心文件，实现 3 个专业的文件互链。

2）在该文件中，单击功能区中"协作"选项卡下"管理协作"面板中的"工作集"按钮，如图 2-239 所示，打开"工作共享"对话框，显示默认的用户创建的工作集（"共享标高和轴网"和"工作集 1"）。如果需要，可以重命名工作集。

图　2-239

单击"确定"按钮后，将显示"工作集"对话框，如图 2-240 所示。

3）在"工作集"对话框中，单击"确定"按钮，先不创建任何新工作集。

4）单击 按钮→"另存为"→"项目"，打开"另存为"对话框。

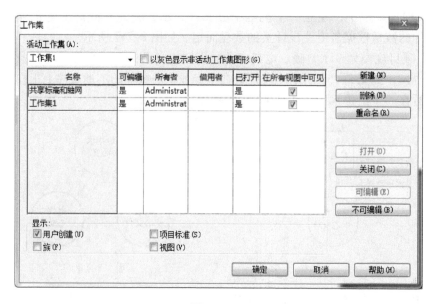

图　2-240

5）在"另存为"对话框中，指定中心文件的文件名和目录位置，把该文件保存在各专业设计人员都能读写的服务器上，单击"选项"按钮，打开"文件保存选项"对话框，勾选"保存后将此作为中心模型"复选框，如图 2-241 所示。需要注意的是，如果是启用工作共享后首次进行保存，则此复选框在默认情况下是勾选的，并且无法进行修改。

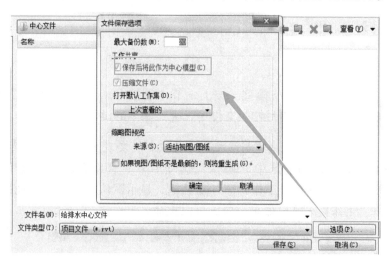

图　2-241

注意：在局域网内，使用基于文件的工作共享（工作共享项目的中心模型存储在单个 rvt 文件中）能够良好地满足协同工作需求。而在广域网内，利用"Revit Server"工具将工作共享项目的中心模型存储在服务器上，帮助分散在各地的项目团队在广域网内实现基于服务器的工作共享，可显著提高协同工作的效率。

在"文件保存选项"对话框中，设置在本地打开中心文件时对应的工作集默认设置，如图 2-242 所示，在"打开默认工作集"下拉列表框中，选择下列内容之一。

① 全部：打开中心文件中的所有工作集。

② 可编辑：打开所有可编辑的工作集。

③ 上次查看的：根据上一个 Revit 任务中的状态打开工作集。仅打开上次任务中打开的工作集。如果是首次打开该文件，则将打开所有工作集。

④ 指定：打开指定的工作集。

6）单击"确定"按钮。在"另存为"对话框中，单击"保存"按钮。现在该文件就是项目的中心文件了。

Revit 在指定的目录中创建文件，同时也为该文件创建一个备份文件夹。例如，如果中心文件名为"给排水中心文件 . rvt"，则可在指定的目录中找到 Revit 项目文件和备份文件夹"给排水中心文件_backup"，如图 2-243 所示。每次用户保存到中心，或保存各自的中心文件本地副本时，都创建备份文件。

图　2-242

图　2-243

备份文件夹包含中心文件的备份信息和编辑权限信息。注意，不要删除或重命名此文件夹中的任何文件。如果要移动或复制项目文件，应确保中心文件的备份文件夹也随着项目文件移动或复制。如果重命名项目文件，则应相应地重命名备份文件夹。"Revit_temp"文件夹包含有关操作的进度信息。

2. 编辑中心文件

启用工作共享并保存为中心文件后，要再次编辑中心文件，可直接在中心文件所在文件夹中双击该文件，打开中心文件。如果单击 ■ 按钮→"打开"→"项目"，则打开服务器上的中心文件，取消勾选"新建本地文件"复选框，如图 2-244 所示。

另外，保存中心文件的方法和保存一般文件的方法不同。"保存"命

图　2-244

令不可用，如图2-245a所示。有两种方法可保存中心文件：一是关闭当前文件，在弹出的"保存文件"对话框中选择"是"以保存中心文件；二是使用"另存为"命令，在"文件保存选项"对话框中，勾选"保存后将此作为中心模型"复选框，如图2-245b所示。

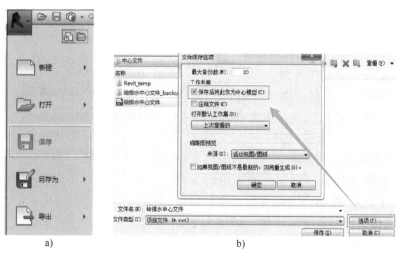

图　2-245

2.11.7　设置工作集

工作集是指图元的集合，如灯、风口、地漏、设备等。在给定时间内，当一个用户在成为某工作集的所有者时，其他工作组成员仅可查看该工作集和向工作集中添加新图元，如果要修改该工作集中的图元，需向该工作集所有者借用图元。这一限制避免了项目中可能产生的设计冲突。在启用工作共享时，可将一个项目分成多个工作集，不同的工作组成员负责各自所有的工作集。

（1）默认工作集　启用工作共享后，将创建几个默认的工作集，可通过勾选"工作集"对话框下方的"显示"选项来控制工作集在名称列表中的显示，如图2-246所示。有4个"显示"选项介绍如下。

1）用户创建：启动工作共享时，默认创建两个"用户创建"的工作集：一是"共享标高和轴网"，它包含所有现有标高、轴网和参照平面，可以重命名该工作集；二是"工作集1"，它包含项目

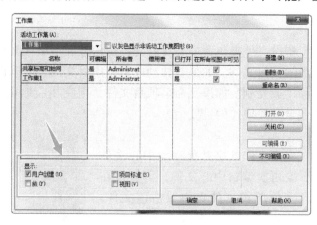

图　2-246

中所有现有的模型图元。创建工作集时，可将"工作集1"中的图元重新指定给相应的工作集。可以对该工作集进行重命名，但不可将其删除。

2）项目标准：包含为项目定义的所有项目范围内的设置（如管道类型和风管尺寸等）。

不能重命名或删除该工作集。

3）族：项目中载入的每个族都被指定给各个工作集。不可重命名或删除该工作集。

4）视图：包含所有项目视图工作集。视图工作集包含视图属性和任何视图专有的图元，如注释、尺寸标注或文字注释。如果向某个视图添加视图专有图元，则这些图元将自动添加到相应的视图工作集中。不能使某个视图工作集成为活动工作集，但是可以修改其可编辑状态，这样就可以修改视图专有图元（如平面视图中的剖面）。

（2）创建工作集　除了以上默认的工作集，在项目开始时和项目设计过程中都可以新建一些工作集。对工作集的设置要考虑项目大小，通常一起编辑的图元应处于一个工作集中。工作集还应根据工作组成员的任务来区分，例如，暖通专业的风口与电气专业的灯在天花布置上会有协调工作，那么用户可以新建"暖通风口"和"电气灯"两个工作集，同时设置这两个工作集的所有权和可见性。

单击功能区中"协作"选项卡下"管理协作"面板中的"工作集"按钮打开"工作集"对话框，单击右侧的"新建"按钮，输入工作集的名称，单击"确定"按钮。然后对该工作集进行设置，对话框中部分选项的意义介绍如下。

1）活动工作集：表示要向其中添加新图元的工作集。用户在当前活动工作集中添加的图元即成为该工作集的所属图元。活动工作集是一个可由当前用户编辑的工作集或其他小组成员所拥有的工作集。用户可以向不属于自己的工作集添加图元。该活动工作集名称还显示在"协作"选项卡的"管理协作"面板上（见图 2-247）以及状态栏上（见图 2-248）。

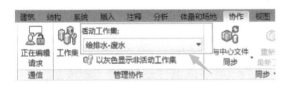

图　2-247　　　　　　　　　　　　　　　　　　图　2-248

2）以灰色显示非活动工作集图形：将绘图区域中不属于活动工作集的所有图元以灰色显示。这对打印没有任何影响。

3）名称：指示工作集的名称。可以重命名所有用户创建的工作集。

4）可编辑：当可编辑状态为"是"的时候，用户占有这个工作集，具有对它做任意修改的权限。当"可编辑"状态改成"否"以后，用户就不能修改当前项目文件上的这个工作集了。需要注意的是，与中心文件同步前，不能修改可编辑状态。

5）所有者：当"可编辑"栏为"是"时，在所有者栏内就显示占有此工作集的用户名。当"可编辑"栏改成"否"时，"所有者"栏空白显示，表明工作集未被任何用户占用。"所有者"的值是"选项"对话框的"常规"选项卡中所列的用户名。

6）借用者：显示从当前工作集借用图元的用户名。

7）已打开：指示工作集是处于打开状态（是）还是处于关闭状态（否）。打开的工作集中的图元在项目中可见，关闭的工作集中的图元不可见。该操作仅影响本地文件。

8）在所有视图中可见：指示工作集是否显示在模型的所有视图中。勾选该复选框，则打开的工集在所有视图中可见，取消勾选则不可见。该操作将同步到中心文件。

完成创建工作集后，单击"确定"按钮关闭"工作集"对话框。

2.11.8 创建本地文件

创建中心文件后，各专业的设计人员可在服务器上打开中心文件并另存到自己的本地硬盘上，然后在创建的本地文件上工作。有以下两种方法创建本地文件：

1. 从"打开"对话框中创建本地文件

单击▲按钮→"打开"→"项目"，定位到服务器上的中心文件，勾选"新建本地文件"复选框，单击"打开"按钮，注意，单击"打开"按钮前可通过单击旁边的下拉按钮，选择需要打开的工作集。该下拉列表中的选项和"创建和编辑机电中心文件"一节中提到的"文件保存选项"对话框中的"打开默认工作集"下拉列表框中的选项是相同的，如图 2-249 所示。软件会自动把本地文件保存到"C：\ Users \ 用户名 \ Documents"中。用户也可以单击▲按钮→"选项"，在"文件位置"选项卡中修改"用户文件默认路径"，自定义文件的保存位置，如图 2-250 所示。

图 2-249

2. 使用"打开中心文件"创建本地文件

打开服务器上的中心文件后，单击▲按钮→"另存为"，在"另存为"对话框中定位到本地网络或硬盘驱动器上所需的位置。输入文件的名称，然后单击"保存"按钮即可。

2.11.9 编辑本地文件

在本地文件中，可以编辑单个图元，也可以编辑工作集。要编辑某个图元或工作集，需

图 2-250

确保它们与中心文件同步更新到最新。如果视图编辑不是最新的图元或工作集，则将提示重新载入最新工作集。

在对图元所属的工作集不具备所有权的情况下，要编辑该图元，需向所有者借用图元。借用过程是自动的，除非其他用户正在编辑该图元所属的工作集。如果发生这种情况，可提交借用图元的请求。请求被批准后，方可编辑该图元。

在编辑本地文件时，需要指定一个活动工作集。在"协作"选项卡"管理协作"面板以及状态栏上，从"活动工作集"下拉列表中选择工作集。添加到项目中的图元都将包含在当前选择的活动工作集中。下面介绍工作集的一些基本操作。

1. 打开工作集

首次打开本地文件时，从"打开"对话框中打开工作集。单击 按钮→"打开"→"项目"，定位到本地文件，如图 2-251 所示，单击"打开"旁边的下拉按钮，选择需要打开的工作集，再单击"打开"按钮。

打开本地文件后，单击功能区中"协作"选项卡下"管理协作"面板中的"工作集"按钮，或单击状态栏中的"工作集"按钮均可打开"工作集"对话框，如图 2-252 所示，选择工作集，在"已打开"栏下单击"是"，或者单击右侧的"打开"按钮。单击"确定"按钮关闭对话框。

关闭的工作集在项目中不可见，这样可以提高性能和操作速度。

2. 使工作集可编辑

工作组成员在本地文件中可以先根据设计任务占用一些工作集，使其他工作组成员不能对自己所属工作集中的图元进行直接修改。占用工作集即"使工作集在本地文件中可编辑"，其操作方法有以下几种：

图 2-251

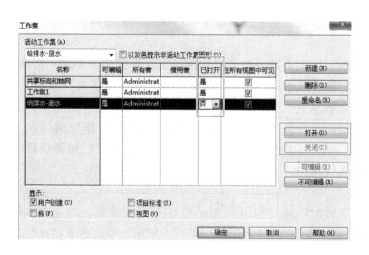

图 2-252

1）在"工作集"对话框中，选择工作集，在"可编辑"栏下单击"是"，或者单击右侧的"可编辑"按钮。单击"确定"按钮关闭对话框。

注意：对于属于其他用户的工作集，不能修改其可编辑状态，只有当其他用户放弃该工作集时，才能使其可编辑。

2）单击绘图区域中的某图元，单击鼠标右键，在弹出的快捷菜单中选择"使工作集可编辑"选项，使该图元所在工作集可编辑。

3）在项目浏览器中，单击某个视图，单击鼠标右键，在弹出的快捷菜单中选择"使工作集可编辑"选项，使该视图工作集可编辑。该方法同样适用于项目浏览器中的族和图纸。

3. 工作集显示设置

1）可见性/图形替换设置。在"工作集"对话框中已经可以通过"已打开"和"在所有视图中可见"栏设置工作集的可见性。如果仅想在特定的视图中显示和隐藏工作集，可以在"可见性/图形替换"对话框中设置，具体操作方法如下：

① 在某一视图中，单击功能区中"视图"选项卡下"图形"面板中的"可见性/图形"按钮，或直接输入"VG"或"VV"，打开该视图的"可见性/图形替换"对话框，如图 2-253 所示。

图　2-253

② 单击"工作集"选项卡，在"可见性设置"栏中设置工作集的可见性，如图 2-254 所示。"使用全局设置（可见）"即应用在"工作集"对话框中定义的工作集的"在所有视图中可见"设置。选择"显示"或"隐藏"可以显示或隐藏工作集，而与"在所有视图中可见"的全局设置无关。

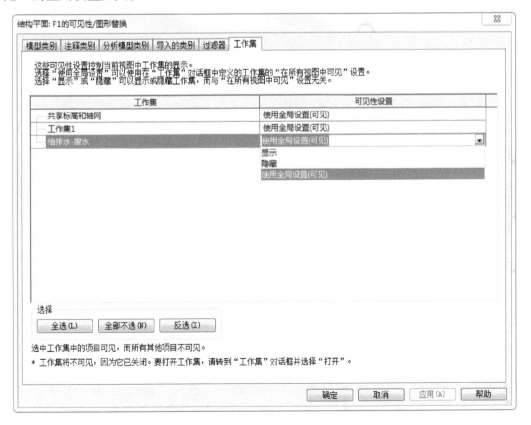

图　2-254

在视图样板中也可以设置工作集可见性,其方法是:单击功能区中"视图"选项卡下"图形"面板中"视图样板"按钮下拉菜单的"管理视图样板",打开"视图样板"对话框,在"V/G 替换工作集"中单击"编辑"按钮,查看和修改工作集的可见性选项,如图 2-255 所示。

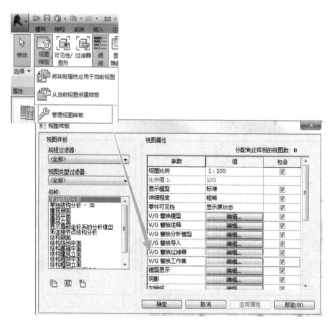

图　2-255

注意:如果某工作集已关闭,则"在所有视图中可见"和"可见性/图形替换"设置都无效,必须先打开该工作集。

2)以灰色显示非活动工作集图形。如果要以灰色显示不在活动工作集中的所有图元,则勾选"工作集"对话框中的"以灰色显示非活动工作集图形"复选框。该选项不会影响打印,但可以防止将图元添加到不需要的工作集中。

3)过滤不可编辑图元。在绘图区域中选择图元时,可以过滤任何不可编辑的图元。单击功能区中的"修改"按钮,然后在状态栏上勾选"仅可编辑项"复选框,如图 2-256 所示。这样在绘图区域中只有可编辑的项可以被选中。

注意:在默认情况下并没有勾选此复选框。

图　2-256

4)链接模型的工作集显示设置。项目中链接模型的工作集的可见性也可以通过以下方法来控制:在打开的"可见性/图形替换"对话框中,选择"Revit 链接"选项卡,单击"显示设置"栏中的"按主体视图",打开"RVT 链接显示设置"对话框,如图 2-257 所示。

先在"基本"选项卡中选中"自定义"单选按钮,然后单击"工作集"选项卡,选择

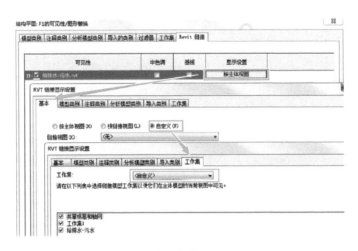

图　2-257

下列值之一作为"工作集"的设置。

① 按主体视图：如果链接模型中的某个工作集与主体模型中的工作集同名，则根据对应主体工作集的设置来显示该链接工作集。如果主体模型中没有对应的工作集，则链接工作集会显示在主体视图中。

② 按链接视图：在链接视图中可见的工作集（在"基本"选项卡中指定）也将显示在主体模型的视图中。

③ 自定义：在该列表中，选择链接模型的工作集，以使其在主体模型的视图中可见。

4. 载入最新的工作集

为了及时将其他工作组成员的修改更新到本地，在本地文件中，可以通过单击功能区中"协作"→"重新载入最新工作集"，此操作不会将本地修改发布至中心文件。

2. 11. 10　保存本地文件

用户在退出修改过的本地工作共享文件时，一般都会弹出"保存文件"对话框，询问用户执行何种操作，如图 2-258 所示。用户可按需要进行相应选择。

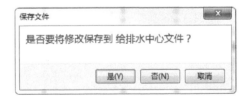

图　2-258

第 3 章

机电模型搭建

3.1 结构与建筑模型搭建

3.1.1 结构专业模型搭建

1. 新建项目

新建项目，选择"结构样板.rte"选项，然后将项目另存为"结构专业模型"，如图 3-1 所示。

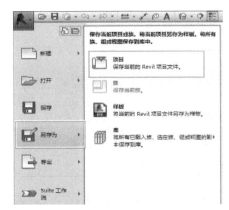

图　3-1

2. 导入 CAD 底图

进入"基础"平面，单击"插入"选项下"链接"面板中的"链接 CAD"按钮，弹出"链接 CAD 格式"对话框，选择"基础平面布置图"，然后对导入的 CAD 底图做如图 3-2 所示的设置。

CAD 导入后要与模型轴网对齐并锁定。单击"修改"选项卡→"修改"面板→"对齐"按钮，先单击绘制的轴网，再单击 CAD 底图轴网执行"对齐"命令，将 CAD 底图锁定，如图 3-3 所示。

3. 绘制独立基础

单击"结构"选项卡→"基础"面板→"独立"按钮，如图 3-4 所示。在"属性"选项

图 3-2

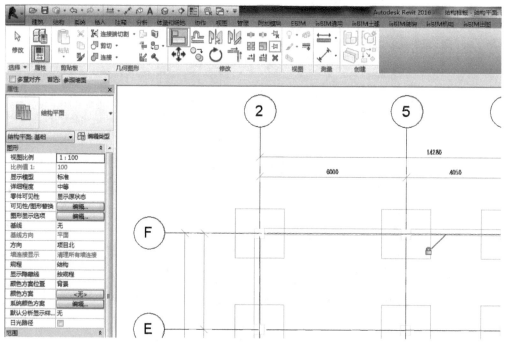

图 3-3

图 3-4

板中选择构件类型为"独立基础-坡形截面",在"属性"选项板中修改"偏移量"为"750.0",如图 3-5 所示。根据 CAD 底图将"独立基础"放置轴网交点处,如图 3-6 所示。

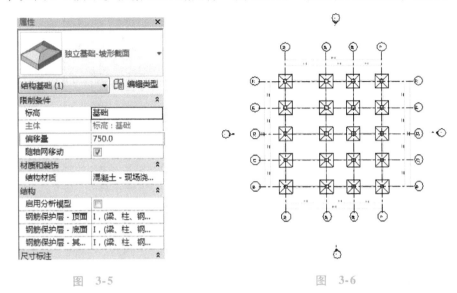

图　3-5　　　　　　　　　　　　　　　　　图　3-6

4. 绘制结构柱

重复步骤 2,将柱定位图导入到场地平面。单击"结构"选项卡下"结构"面板中的"柱"按钮,如图 3-7 所示;在"属性"选项板中选择构件类型为"KZ_1400×400",如图 3-8所示。根据 CAD 底图将"独立基础"放置轴网交点处,如图 3-9 所示。

图　3-7

5. 绘制独立基础垫层

进入"基础"平面,单击"结构"选项卡→"结构"面板→"楼板"→"楼板:结构"按钮,如图 3-10 所示。在"属性"选项板中选择构件类型为"100 厚基础垫层",在"属性"选项板中修改"目标高的高度偏移"为"100.0",如图 3-11 所示。根据独立基础位置绘制基础垫层,如图 3-12 所示。

图 3-8

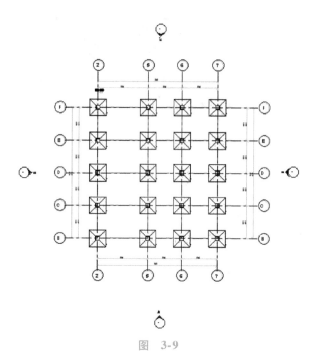

图 3-9

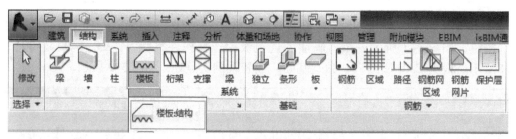

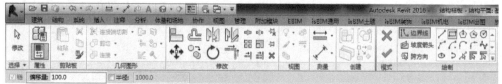

图 3-10

图 3-11

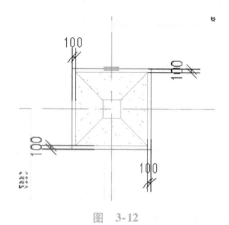

图 3-12

6. 绘制一、二层结构柱

根据柱表及柱定位图所示，一、二层结构柱大小与位置不发生变化，选择所有结构柱，单击"剪贴板"面板→"复制到剪贴板"按钮，如图 3-13 所示，然后单击"剪贴板"面板→"粘贴"→"与选定的标高对齐"按钮，如图 3-14 所示，并复制到"F2-结构"与"F3-结构"平面，如图 3-15 所示。

图　3-13

图　3-14　　　　　　　　　　　　　　　图　3-15

进入"F1"平面，选择所有柱子，并调整其偏移量，如图 3-16 所示。同时进入"F2-结构"平面，选择所有柱子，并调整偏移量，如图 3-17 所示。

图　3-16　　　　　　　　　　　　　　　图　3-17

绘制完成后如图3-18所示。

7. 绘制各层结构梁

重复步骤2，将基础梁平法施工图导入到场地平面，进入"场地"平面，单击"结构"选项卡→"结构"面板→"梁"按钮，如图3-19所示。在"属性"选项板中选择构件类型为"KL_1250×400"，如图3-20所示。根据CAD底图位置绘制基础梁，如图3-21所示。

重复步骤7，绘制各层结构梁，绘制完成后如图3-22所示。

8. 绘制屋顶设备支撑钢架

重复步骤2，将屋顶梁平法施工图导入到"F3-结构"平面，进入"F3-结构"平面，单击"结构"

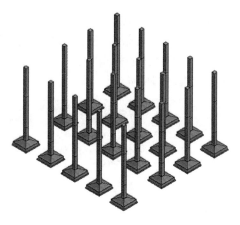

图 3-18

选项卡下"结构"面板中的"柱"按钮，如图3-23所示。在"属性"选项板中选择构件类型为"GB-I20a"，如图3-24所示。根据CAD底图位置绘制工字钢柱，如图3-25所示。

图 3-19

图 3-20

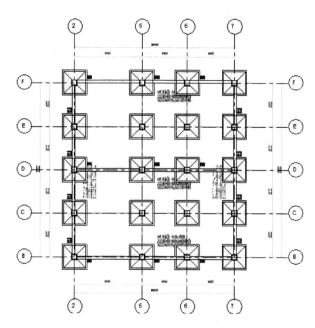

图 3-21

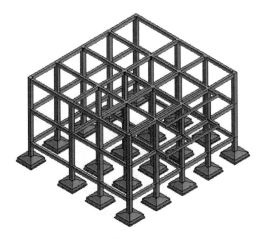

图　3-22

图　3-23

图　3-24

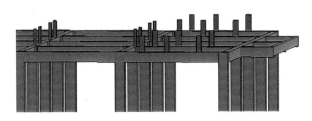

图　3-25

单击"结构"选项卡→"结构"面板→"梁"按钮，如图 3-26 所示。在"属性"选项

图　3-26

板中选择构件类型为"GB-I 20a",在"属性"选项板中修改"Z 轴偏移值"为"645.0",如图 3-27 所示。根据 CAD 底图位置绘制工字钢梁,如图 3-28 所示。

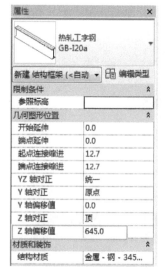

图 3-27　　　　　　　　　　　　　　　　图 3-28

9. 绘制二层与屋顶楼板

重复步骤 2,将二层板配筋图导入"F2-结构"平面,进入"F2-结构"平面,单击"结构"选项卡→"结构"面板→"楼板"→"楼板:结构"按钮,如图 3-29 所示。在"属性"选项板中选择构件类型为"100 厚结构板",如图 3-30 所示。根据 CAD 底图位置绘制结构楼板,如图 3-31 所示。

图 3-29　　　　　　　　　　　　　　　　图 3-30

重复上述步骤,将屋面板配筋图导入到"F3-结构"平面,进入"F3-结构"平面,过程、设置及效果如图 3-32 ~ 图 3-34 所示。

绘制完成后,结构模型如图 3-35 所示。

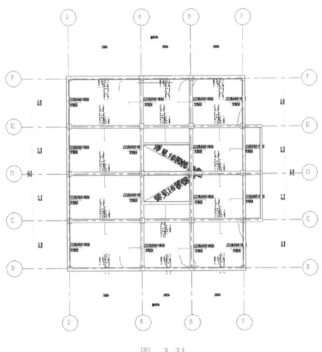

图 3-31

图 3-32

图 3-33

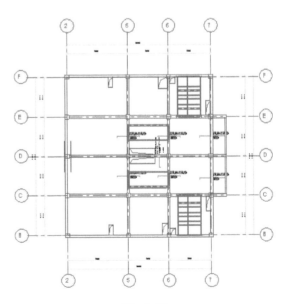

图 3-34

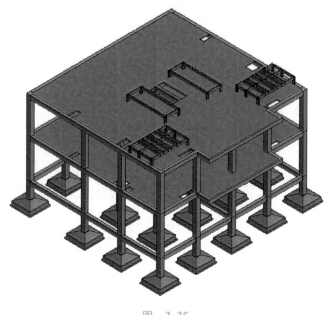

图　3-35

3.1.2　建筑专业模型搭建

1）新建项目，选择"建筑样板"选项，然后将项目另存为"建筑专业模型"，如图 3-36 所示。

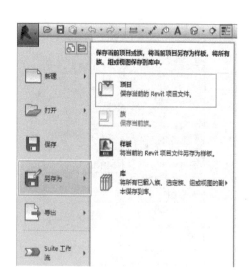

图　3-36

2）单击"插入"选项卡→"链接"面板→"链接 Revit"按钮，如图 3-37 所示。

图　3-37

3）选择"结构专业模型"模型文件，在"定位"下拉列表框中选择"自动-原点到原点"选项，如图 3-38 所示。

图　3-38

4）单击"管理"选项卡→"管理项目"面板→"管理链接"按钮，如图 3-39 所示。

图　3-39

5）将"结构专业模型"的"参照类型"改为"附着"，单击"确定"按钮，如图 3-40 所示。这是为了让设备链接建筑模型的同时可以看见结构模型，而不需要再链接结构模型。

6）余下建筑模型的搭建将不再赘述，模型搭建请用所给建筑图纸，如有问题请参考《Revit 建模零基础快速入门简易教程》一书。下面将为每层与最终完成模型进行截图，以供参考，如图 3-41 所示。

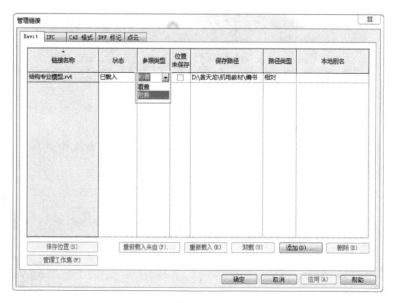

图　3-40

图　3-41

3.2 给排水专业模型搭建

在新建给排水模型时，选取"设备样板.rte"作为项目样板文件，该项目样板文件包含了给排水专业的基本族和设置。

水管系统包括空调水系统、生活给排水系统及雨水系统等。空调水系统分为冷冻水、冷却水、冷凝水等系统。生活给排水系统分为冷水系统、热水系统、排水系统等。本节主要介绍水管系统在 Revit 2016 中的绘制方法。

打开 Revit，单击"新建"→"项目"，在弹出的"新建项目"对话框中单击"浏览"按钮，选择"设备样板.rte"并单击"确定"按钮，如图 3-42 所示。

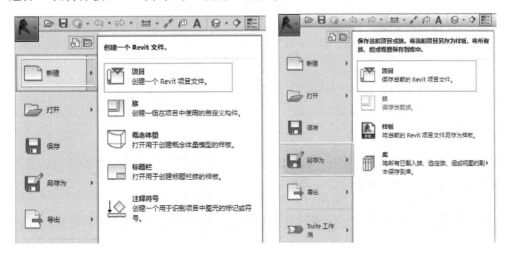

图 3-42

3.2.1 通气、雨水、废水、污水系统模型的搭建

污水模型搭建主要以"1F"为例详细介绍。

将 CAD 底图"一层排水平面图"导入 Revit 平面，进行模型搭建。单击"插入"选项卡下

"链接"面板中的"链接 CAD"按钮，选择"一层给排水平面图"。"导入单位"设置为"毫米"，如图 3-43 所示。CAD 导入后要与模型轴网对齐并锁定。

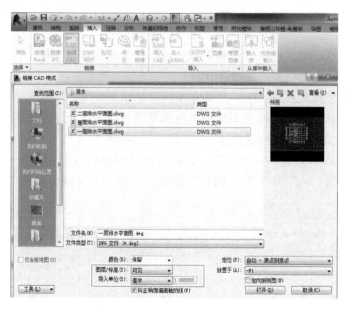

图 3-43

在给排水平面图中绘制水管时，需要注意图例中各种符号的意义，使用正确的管道类型和正确的阀门管件，以保证建模的准确性。

1. F 废水管及 W 污水管的绘制

绘制水管时，首先要选择水管类型及其对应的系统类型。除此之外，水管属性栏中有"水平对正"和"垂直对正"两个限制条件，根据实际需要进行选择。这里选择"水平对正：中心"和"垂直对正：中"，同时管道直径也应根据实际需要进行选择，如图 3-44 和图 3-45 所示。

图 3-44   图 3-45

如果遇到系统中没有的管道可单击"编辑类型"按钮进行复制。设置完成后直接依照 CAD"一层给排水平面图"绘制 F 废水管。在绘制时如果 CAD 图纸上标有坡度，在搭建管道时可以调节管道的坡度，如图 3-46 和图 3-47 所示。

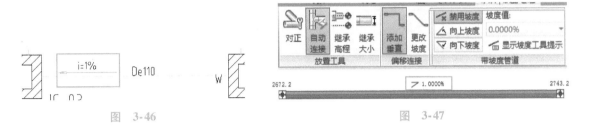

图　3-46　　　　　　　　　　　　　　　　　　　　图　3-47

如果所需坡度值在系统中没有，则单击"管理"选项卡下"设置"面板中"MEP 设置"按钮下拉菜单中的"机械设置"按钮，如图 3-48 所示。

图　3-48

在 F 平面绘制 F 废水管，如图 3-49 所示。
根据 CAD 图纸所示废水管的位置绘制废水管，如图 3-50 所示。

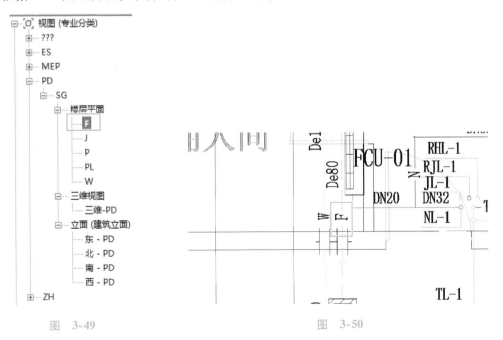

图　3-49　　　　　　　　　　　　　　　　　　　　图　3-50

（1）绘制废水管主管　根据 CAD 图纸所示，首先绘制废水管主管，如图 3-51 所示。

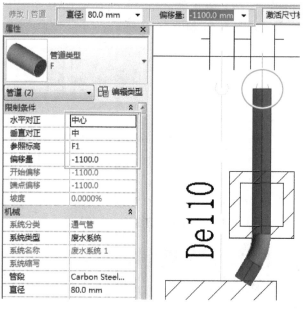

图　3-51

图 3-51 中圆圈所示废水管主管在此处会生成一个向上的立管，单击管道，执行"绘制管道"命令，调整偏移量并单击"应用"两次，如图 3-52 所示。生成立管如图 3-53 所示。

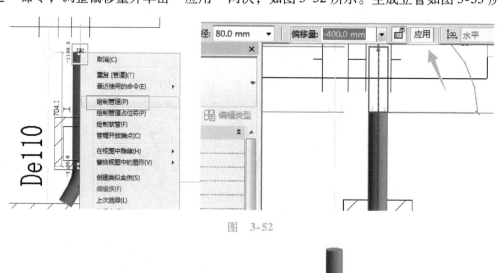

图　3-52

图　3-53

1）管道管径的变更。继续绘制，遇到需变更管径地方直接改变管径后继续绘制即可，如果绘制中断，则绘制时自动捕捉到上一段管道即可继续绘制，如图3-54～图3-56所示。

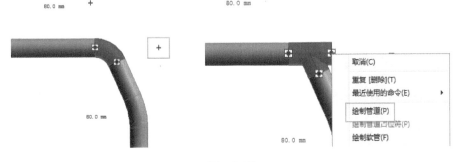

图　3-54

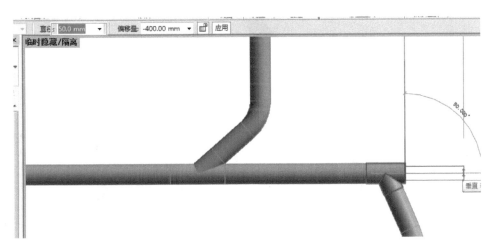

图　3-55

图　3-56

2）Y形三通。继续绘制，绘制到如图3-57所示的位置时，因布管系统并未配置此三通，所以应删除弯头，单击"建筑"选项卡下"构建"面板中"构件"按钮下拉菜单的"放置构件"按钮，选择Y形三通放置到主管上，并调整到对应位置，如图3-58所示。到此，废水管主管绘制完成，如图3-59所示。

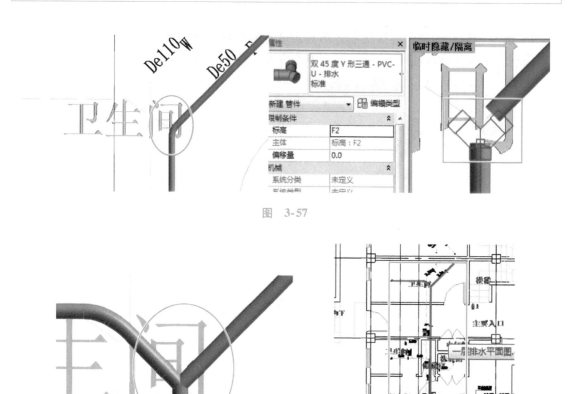

图 3-57

图 3-58　　　　　　　　　　　　　　图 3-59

（2）支管绘制　绘制方法与主管一致，沿着 CAD 图纸所示的废水管位置进行绘制，绘制完成后如图 3-60 所示。

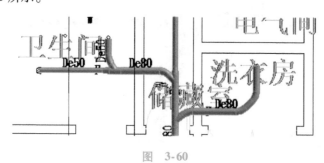

图 3-60

1）管道附件的绘制。绘制地漏等水管附件时，选择需要放置的水管附件，直接放置在 F 废水管上即可，水管附件会自动识别水管标高及水管大小去调整自身的相应参数。单击"系统"选项卡→"卫浴和管道"面板→"管路附件"按钮，选择地漏，如图 3-61 所示。

选择需要的尺寸，按住鼠标左键拖曳到指定位置即可，如图 3-62 所示。

如果无法自动连接，则使用"连接到"功能进行连接，单击"管路附件"按钮，在

图　3-61

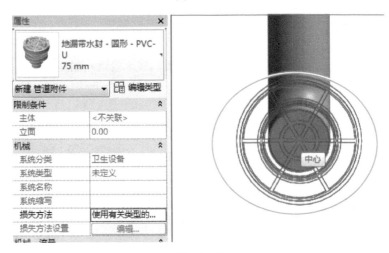

图　3-62

"修改｜管道附件"选项卡中找到"连接到"按钮，如图3-63所示。

图　3-63

2）放置排水设备。单击"建筑"选项卡下"构建"面板中"构件"按钮下拉菜单的"放置构件"按钮，选择"GT"，将IC-03放置到相应位置，并调整到对应位置，如图3-64所示，完成

图　3-64

后如图 3-65 所示。

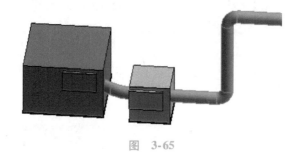

图　3-65

其余废水管的绘制方式相同，在此不再赘述。至此，废水管就绘制完成了，如图 3-66 所示。

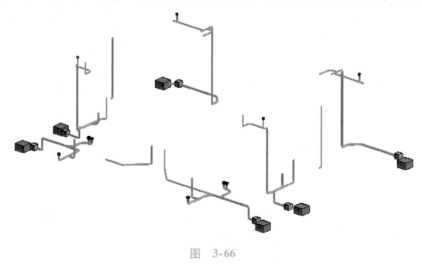

图　3-66

此外，污水管与废水管的绘制方法一致，完成模型如图 3-67 所示。

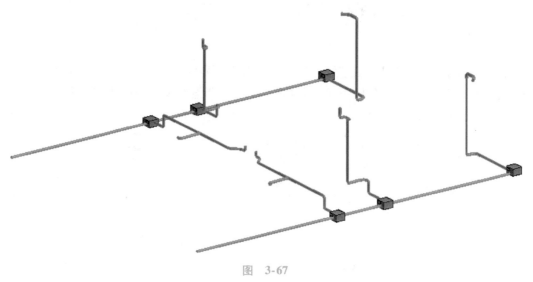

图　3-67

2. T 通气管的绘制

绘制 T 通气管时，首先要选择 T 通气管类型及其对应的系统类型，同时选择对应的平面，如图 3-68 所示。

图　3-68

通气管与废水管的绘制方法一致，在此不再赘述。T 通气管绘制完成，如图 3-69 所示。

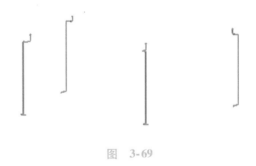

图　3-69

3. Y 雨水管道的绘制

雨水管道的搭建与 T 通气管和 F 废水管的绘制方法相同。调整好管道类型与系统类型绘制即可。进入 Y 视图平面，单击"视图"选项卡下"图形"面板中的"可见性/图形"按钮，在弹出的对话框中切换至"过滤器"选项卡，单击"添加"，按钮，然后选择添加"雨水系统"，单击"确定"按钮，如图 3-70 所示。同时取消其余系统的勾选。

进入视图"Y"，选择管道类型为"Y"，系统类型选择"雨水系统"，直径设置为"80.0mm"，然后按 CAD 图纸绘制即可，如图 3-71 所示。

至此，雨水管道绘制完成，如图 3-72 所示。至此，排水模型搭建完成，完成模型如图 3-73 所示。

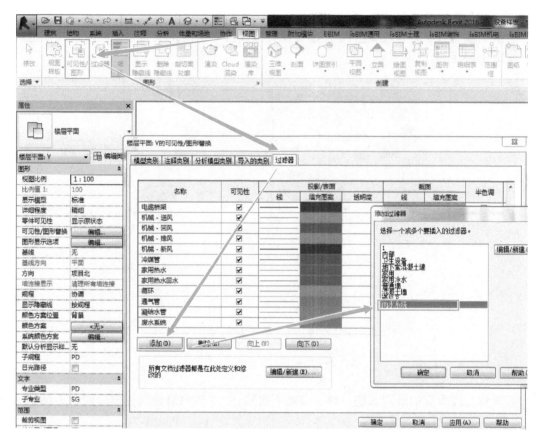

图 3-70

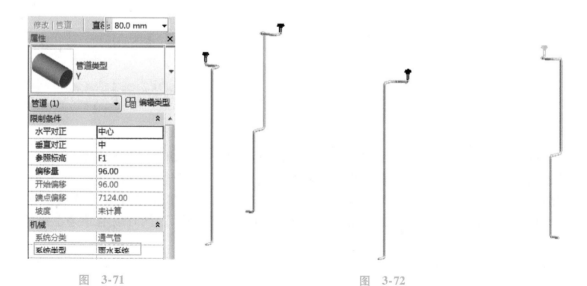

图 3-71 图 3-72

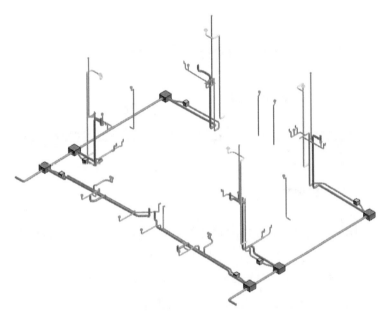

图　3-73

3.2.2　给水系统模型的搭建

1. 泵房模型的搭建

进入"J"平面，单击"插入"选项卡下"链接"面板中的"链接 CAD"按钮，在弹出的对话框中选择"水泵房平面图"并单击"打开"按钮，然后选择需要绘制的 J 给水管类型及其对应的系统类型，设置如图 3-74 所示。

根据 CAD 底图确定给水管平面位置并根据系统图确定给水管立面高度。给水管道完成模型如图 3-75 所示。

绘制阀门等水管附件时，选择需要放置的水管附件，直接放置在给水管上即可，水管附件会自动识别水管标高及水管大小去调整自身的相应参数。单击"系统"选项卡→"卫浴和管道"面板→"管路附件"按钮，选择"截止阀-J41 型-法兰式"，如图 3-76 所示。

同理放置水泵及水龙头，如图 3-77 所示。完成模型如图 3-78所示。

2. 入户给水以及热水给与热水回

根据所给 CAD 给水平面图绘制入户给水及热回水管道，选择对于系统类型，利用所讲绘制管道方法进行绘制，属性设置如图 3-79 所示。

按图纸绘制即可，完成后如图 3-80 所示。

图　3-74

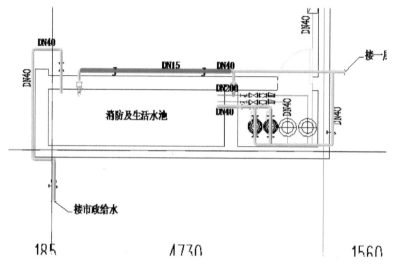

图 3-75

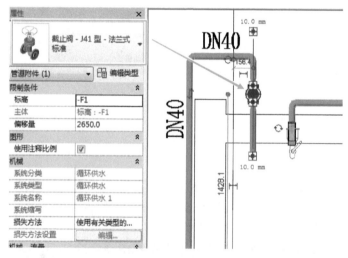

图 3-76

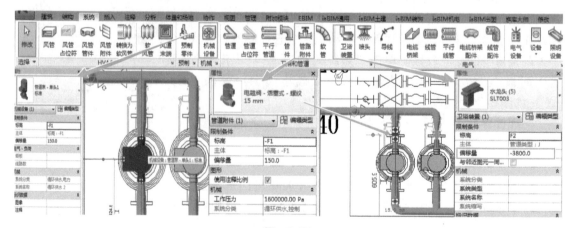

图 3-77

图　3-78

图　3-79

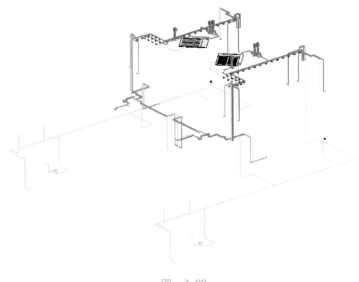

图　3-80

3. 喷淋模型的搭建

车库喷淋模型的搭建，导入 CAD 图纸"水泵房平面图"，与轴网对齐并锁定，调整管道类型后进行绘制。单击"系统"选项卡下"卫浴和管道"面板中的"管道"按钮，在"属性"选项板中选择"ZP 喷淋"，设置"系统类型"为"喷淋系统"，如图 3-81 所示。

喷头的绘制：单击"系统"→"喷头"，按 CAD 图纸绘制，进入三维视图进行连接，单击所画喷头，在"布局"面板中单击"连接到"按钮，单击所要连接的横管，如图 3-82 ~ 图 3-84 所示。

图 3-81

图 3-82

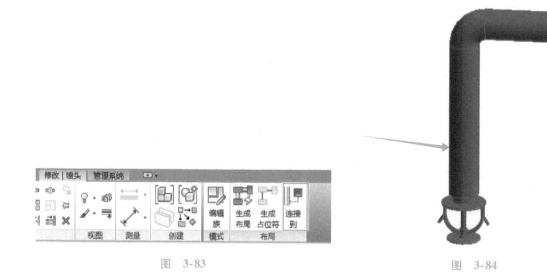

图 3-83

图 3-84

族的插入：单击"插入"选项卡下"从库中载入"面板中的"载入族"按钮，选择所需要的族，并载入。与污水地漏的绘制方法相同，如图 3-85 和图 3-86 所示。

按图纸绘制，完成模型如图 3-87 所示。

图　3-85

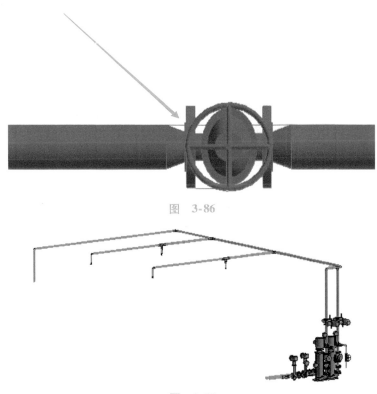

图　3-86

图　3-87

3.3　暖通专业模型的搭建

 排风系统模型的搭建

下面以一层 PF 排风系统模型搭建为例进行介绍。

在项目浏览器中打开"PF"楼层平面，如图 3-88 所示。

1. 导入 CAD 底图

单击"插入"选项卡，在"导入"面板中单击"导入 CAD"按钮，选择"首层排风平面图"，具体设置如图 3-89 所示。

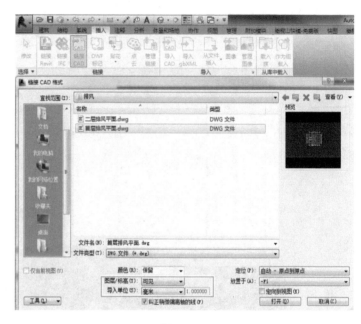

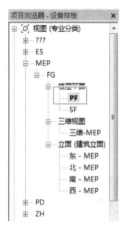

图 3-88　　　　　　　　　　　　　　　　　　　图 3-89

2. 绘制风管

单击"系统"选项卡→"HVAC"面板中的"风管"按钮，打开"修改 | 放置 风管"上下文选项卡，如图 3-90 所示。

图 3-90

绘制风管时，首先要选择风管类型及其对应的系统类型。除此之外，风管"属性"选项板中有"水平对正"和"垂直对正"两个限制条件，根据实际需要进行选择，这里选择"水平对正：中心"和"垂直对正：底"，"系统类型"选择"排风"，如图 3-91 所示。

依照 CAD 图纸绘制 PF 排风系统风管，如图 3-92 所示。250mm×100mm 为风管的尺寸，250mm 表示风管的宽度，100mm 表示风管的高度。偏移量表示风管中心线距离相对标高的高度偏移量。风管的绘制需要单击两次，第一次确认风管的起点，第二次单击确认风管的终点。

注意：绘制完毕后，如果风管位置与 CAD 底图不符，则使用"对齐"命令将风管与 CAD 底图对齐。

152

图　3-91

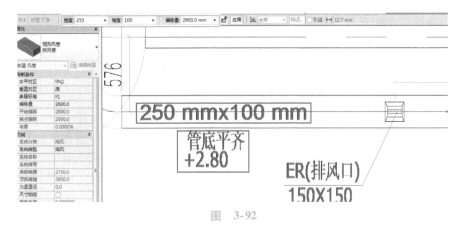

图　3-92

3. 绘制风管转弯处

选择风管，单击鼠标右键拖曳点，在弹出的快捷菜单中选择"绘制风管"选项，如图 3-93 所示。按照 CAD 底图向下绘制，系统会自动生成风管管件，如图 3-94 所示。

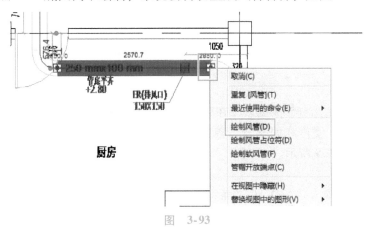

图　3-93

使用快捷键 <A + L> 或单击"修改"选项卡中的"对齐"命令将风管与 CAD 底图对齐即可，如图 3-95 所示。

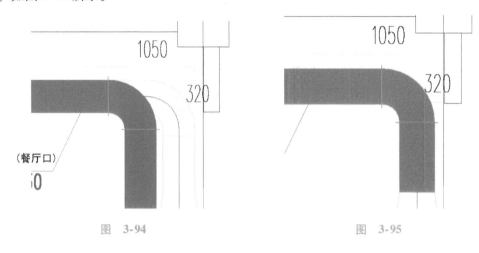

图 3-94　　　　　　　　　　　　　　　　图 3-95

根据 CAD 底图修改管道尺寸，继续绘制。选择风管，单击鼠标右键拖曳点，在弹出的快捷菜单中选择"绘制风管"选项，如图 3-96 所示。

根据 CAD 底图的管道尺寸，修改选项栏中的风管宽度和高度，如图 3-97 所示，系统会自动生成风管管件，如图 3-98 所示。依照 CAD 图纸上的偏移量绘制风管，在风管变径处直接更改风管尺寸即可。

4. 绘制三通

根据 CAD 底图绘制风管，将风管拖拽至另一段风管中心线，如图 3-99 所示。两段风管连接并自动生成三通管件，如图 3-100 所示。

5. 绘制四通

选择三通管件，单击四通点，如图 3-101 所示。管件自动变为四通管件，如图 3-102 所示。

单击鼠标右键选择"拖曳点"，在弹出的快捷菜单中选择"绘制管道"选项即可继续绘制。

管道生成的管件可在管道的"类型属性"对话框中修改"布管系统配置"，如图 3-103 所示。

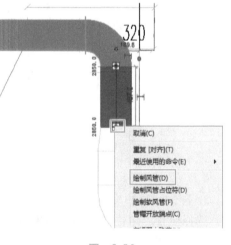

图　3-96

6. 绘制风管立管

选择管道，单击鼠标右键拖曳点，在弹出的快捷菜单中选择"绘制管道"选项，在风管选项栏中修改高度、宽度和偏移量，单击两次"应用"按钮，如图 3-104 所示，即可生成风管立管，如图 3-105 所示。

7. 添加风管附件

单击"系统"选项卡→"HVAC"面板→"风管附件"按钮，如图 3-106 所示。直接将风管附件放置在风管上即可，如图 3-107 所示。

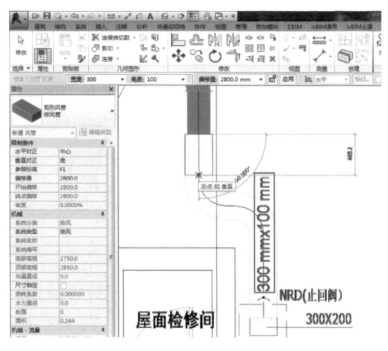

图 3-97

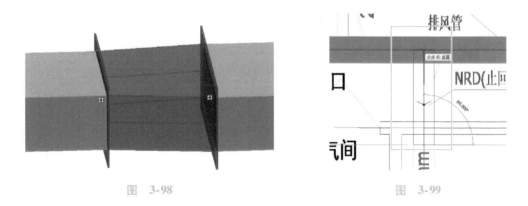

图 3-98

图 3-99

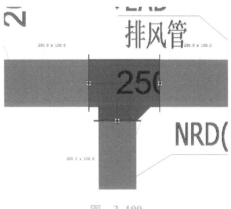

图 3-100

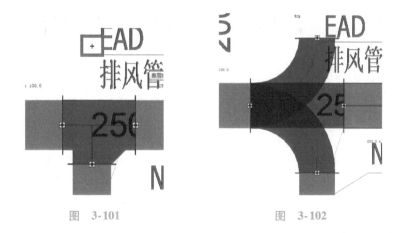

图 3-101　　　　　　　　　　图 3-102

图 3-103

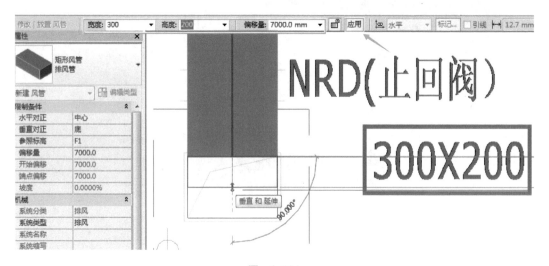

图 3-104

图 3-105

图 3-106

注意：风管附件会自动识别风管标高及风管大小去调整自身的相应参数。

绘制风道末端：单击"系统"选项卡→"HVAC"面板→"风道末端"按钮，如图 3-108 所示。

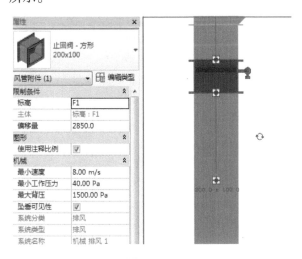

图 3-107

图 3-108

添加风道末端时，选择相应的风口，然后按实际 CAD 底图标注的风口尺寸选择相应的风口类型。单击"风管"上下文选项卡→"布局"面板→"风道末端安装到风管上"按钮，风道末端就会依附风管并且相互连接，如图 3-109 和图 3-110 所示。

放置垂直风道末端与上述方法相同，只需将光标移至风管垂直处，至此，一层 PF 排风系统模型绘制完成，效果如图 3-111 所示。

其余"PF 排风系统"楼层与一层"PF 排

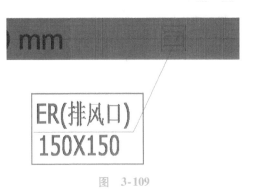

图 3-109

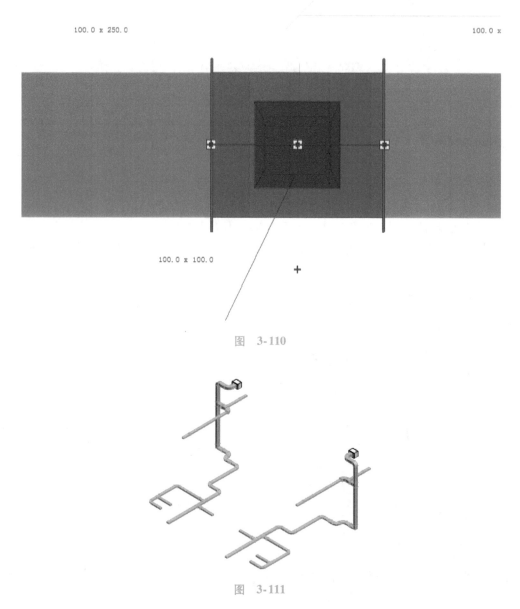

图 3-110

图 3-111

风系统"基本一致，方法同上，在此不再赘述。

 送风系统模型的搭建

　　"SF 送风系统"与"PF 排风系统"基本一致，方法同上，在此不再赘述。冷凝水管与冷媒水管的画法与给排水专业模型搭建方法相同，在此不再赘述。SF 送风系统完整模型如图 3-112 所示。

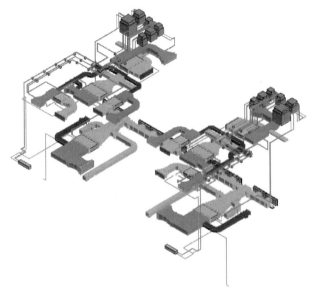

图　3-112

3.4　电气专业模型搭建（照明系统）

下面介绍一层照明设备的载入及放置。

1. 导入 CAD 底图

打开"项目浏览器"，单击视图→"QJ"→"QD"，将 CAD 底图导入该平面，进行模型搭建，如图 3-113 所示。将"一层照明平面图"导入，如图 3-114 所示。

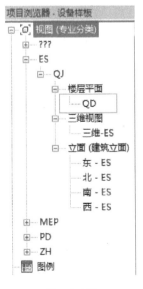

图　3-113

图　3-114

注意：勾选"仅当前视图"复选框表示仅将 CAD 图纸导入到活动视图中，AutoCAD 对象只出现在 Revit 楼层平面视图中，而不显示在三维视图中；不勾选"仅当前视图"复选框则表示 CAD 图纸在所有视图中可用。

2. CAD 导入后要与模型轴网对齐并锁定

单击"修改"上下文选项卡下"修改"面板中的"对齐"按钮，按顺序单击图 3-115中的①、②、③、④，使 CAD 图纸中的轴网与项目中的轴网对齐，如图 3-115 所示。

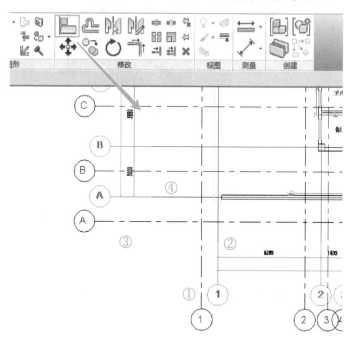

图 3-115

选中导入的 CAD 图纸，单击"修改"面板下的"锁定"按钮，完成锁定，如图 3-116 所示。

3. 照明设备的载入

单击"系统"选项卡下"电气"面板中的"照明设备"按钮，如果是第一次载入照明设备，则软件会自动提示载入，如果已经载入过了，则选择对应的照明设备即可，如图 3-117 所示。

如果还需要载入其他类型的照明设备，则利用"载入族"功能进行载入。

4. 照明设备的放置

选择好照明设备后，单击放置在工作平面上，然后执行"对齐"命令，调整设备位置并调整其偏移量。偏移量的具体值与吊顶高度值一致，如图 3-118所示。

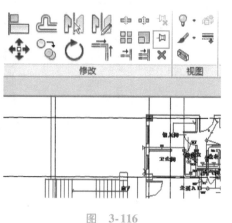

图 3-116

图　3-117

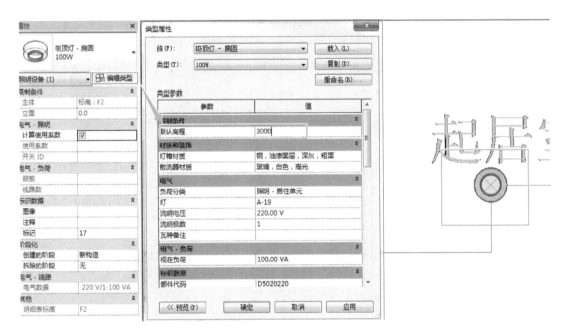

图　3-118

5. 绘制导线

根据 CAD 图纸路径绘制导线。单击"导线"按钮，在下拉菜单中选择"带倒角导线"进行绘制如图 3-119 所示。同时，导线在三维视图中是不可见的。

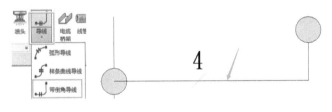

图　3-119

6. 放置配电盘

配电箱的放置与照明设备的放置方法一致，单击"系统"选项卡下"电气"面板中的"电气设备"按钮，选择照明配电盘，单击放置在工作平面上，调整其偏移量，放置时可按空格键进行旋转，如图 3-120 所示。

其余设备的放置方法与放置配电盘一致，在此不再赘述。

7. 创建配电系统

配电箱放置完毕，开始创建系统，为项目中的配电盘定义配电系统，这里选择"220/380Wye"配电系统，如图 3-121 所示。

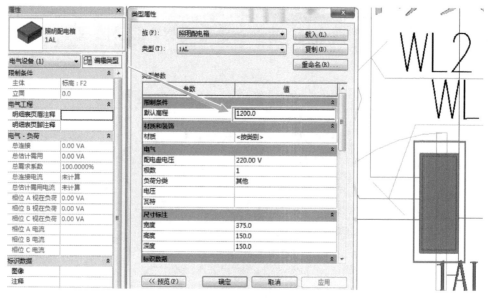

图 3-120

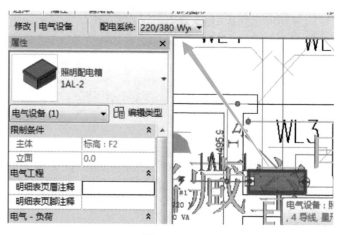

图 3-121

注意：如果单击配电盘时，选项栏中的"配电系统"下拉列表框中没有出现可供选择的配电系统，则说明电气设置中的"配电系统"没有与该配电盘的电压和级数相匹配的选项。这时要检查配电盘的连接件设置中的电压和级数，或是在电气设置中添加与之匹配的"配电系统"。

8. 创建回路

本项目中，把插座设备作为一个回路进行线路连接。按照设计，选中回路中的全部插座，然后单击功能区中的"电力"按钮，创建线路，如图 3-122 所示。

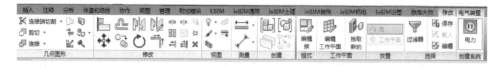

图 3-122

注意：当图面比较复杂时，可以通过"过滤器"功能方便、准确地选择要操作的图元：框选绘图区域中的所有图元，单击"过滤器"按钮，打开"过滤器"对话框，如图 3-123 所示，单击"放弃全部"按钮，然后只勾选"电气装置"复选框。这样就选中了该区域中的所有插座。

图 3-123

单击功能区中的"电力"按钮后，单击"选择配电盘"按钮，如图 3-124 所示。然后选择配电盘，有以下两种方法。

图 3-124

1）直接选中绘图区域中的配电盘。

2）在"面板"下拉列表框中选择所要的配电盘，选中配电盘"1AL-1，220V/380V 三相 相位，4 导线，星形"，如图 3-125 所示。

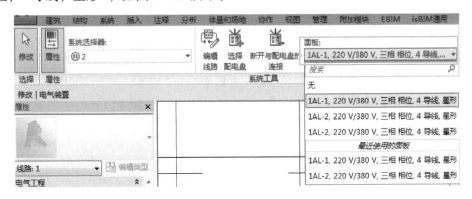

图 3-125

注意：电路中所选的配电盘必须事先指定配电系统，否则在系统创建时将无法指定该配电盘。

用第 2 种方法选择配电盘时，"面板"下拉列表框中列出的配电盘是与所创建线路的"配电系统"相匹配的配电盘。如果所要选择的配电盘不在该下拉列表框中，则要检查该配电盘的"配电系统"是否已指定，或者是否相匹配。

如果配电盘未命名，则"面板"下拉列表框中将显示配电盘的详细信息，包括型号、额定电压、配电系统等。

配电盘选择成功后，线路中设备所在的区域会以蓝色虚线高亮显示，这时线路的逻辑连接已经完成。同时，可以注意到，图中出现导线图案，可以通过单击图中的图标自动生成配线控制，为线路创建永久配线，如图 3-126 所示。

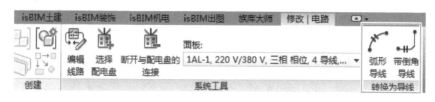

图　3-126

当自动生成的导线不能完全满足设计要求时，需要手动调整导线。尤其当多条回路连接到同一配电盘时，可以将多条回路组合为一条多线路回路。例如，分别给 4 条回路配线时，4 条回路分别有导线和配电盘连接，根据设计情况，可将多条回路组合为一条多线路回路。首先，删除离配电盘较远的 3 条回路和配电盘相连的导线，然后手动添加导线。

9. 绘制电缆桥架

单击"系统"选项卡下"电气"面板中的"电缆桥架"按钮，选择对应的电缆桥架类型，即"带配件的电缆桥架 QD"，设置桥架的"宽度"为 150mm，"高度"为 100mm，"偏移量"为 3650mm，单击确定电缆桥架的起点位置，移动光标，再次单击确定电缆桥架的终点位置，完成电缆桥架的绘制，如图 3-127 所示。

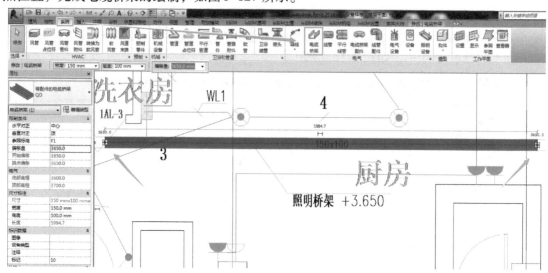

图　3-127

如果没有对齐，则单击"修改"上下文选项卡下"修改"面板中的"对齐"按钮，进行对齐。

绘制电缆桥架支架：设置好桥架的信息，直接绘制即可，系统会自动生成相应的配件，如图 3-128 所示。绘制完成后如图 3-129 所示。

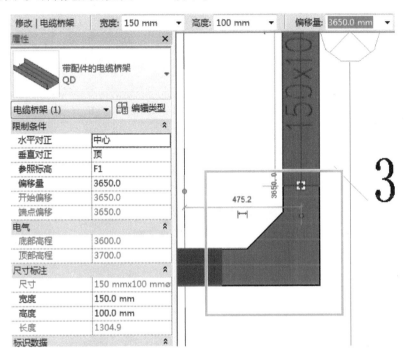

图　3-128

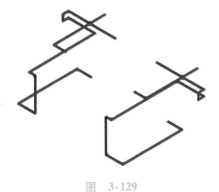

图　3-129

第 4 章

4

管线综合

设备管线碰撞检查和设计优化是 Revit 模型中一项很重要的应用。Revit 搭建的三维模型可以直观地反映出各专业管道之间的相对位置，从而能提前预知设计错误，尽量避免返工。

Revit 碰撞检查的优势在于其可以对碰撞点进行实时的修改，劣势在于只能进行单一的硬碰撞，而且导出的报告没有相应的图片信息。对于小型项目来说，在 Revit 中做碰撞检查是比较方便的。

4.1 链接 Revit

打开本书配套的建筑专业模型，单击"插入"选项卡下"链接"面板中的"链接Revit"按钮，如图 4-1 所示。选择之前绘制的"设备专业模型"，将"定位"设置为"自动-原点到原点"，如图 4-2 所示。设备专业模型链接后的三维剖切图如图 4-3所示。

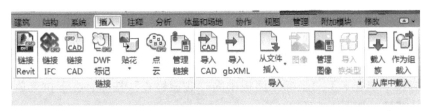

图 4-1

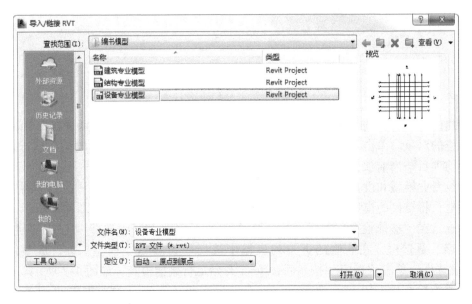

图 4-2

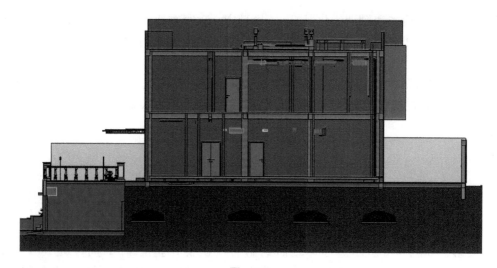

图 4-3

4.2 Revit 碰撞

单击"协作"选项卡下"坐标"面板中的"碰撞检查"按钮，在下拉菜单中选择"运行碰撞检查"按钮，如图 4-4 所示。

图 4-4

在弹出的"碰撞检查"对话框中有两部分内容，左右两边的"类别来自"用来选择运行碰撞检查的对象。单击下拉列表框可以看到里面有当前项目和链接的模型，运行碰撞检查只能是当前项目与当前项目或其中的链接模型，如图 4-5 所示。

以建筑专业模型和设备专业模型的碰撞为例。将界面切换到三维视图，打开视图可见性设置对话框，将链接的模型除"设备专业模型"外全部取消勾选，如图 4-6 所示。然后运行碰撞检查，在"碰撞检查"对话框中，在左侧的下拉列表框中选择"当前项目"选项，并勾选"墙"复选框，在右侧的下拉列表框中选择"设备专业模型 . rvt"选项，并勾选"管道"复选框。单击"确定"按钮后，Revit 开始运行碰撞检查，如图 4-7 所示。

运行碰撞检查后，Revit 会自动弹出一个"冲突报告"对话框，单击"管道"展开碰撞点的具体信息，如图 4-8 所示。选择"管道"单击"显示"按钮，碰撞水管会被高亮显示。

找出碰撞的原因并做相应修改。修改完一个碰撞点之后，单击"协作"选项卡下"坐标"面板中的"碰撞检查"按钮，在下拉菜单中选择"显示上一个报告"，如图 4-9 所示。

图 4-5

图 4-6

图 4-7

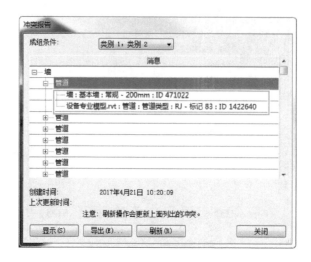

图　4-8

图　4-9

　　如果碰撞点已经完成修改，则在冲突报告中该碰撞点就会自动消失，如果修改的碰撞点过多或由于其他原因碰撞点没有自动消失，则可以通过"刷新"命令对模型的冲突报告进行更新。

　　除了可以通过"显示"命令显示碰撞点的构件之外，还可以通过元素 ID 号对其进行查询，如图 4-10 所示。单击"管理"选项卡下"查询"面板中的"按 ID 选择"按钮，打开"按 ID 号选择图元"对话框，如图 4-11 所示，单击"显示"按钮，在三维模型中就会高亮显示该构件。

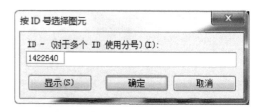

图　4-10　　　　　　　　　　　　　　　　图　4-11

4.3　导出冲突报告

单击"冲突报告"对话框下方的"导出"按钮，可保存该冲突（文件名称任意），该冲突报告的格式为 html，如图 4-12 所示。

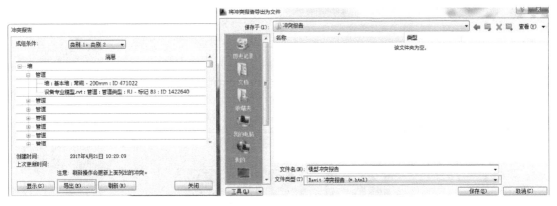

图　4-12

导出报告的内容与 Revit 界面中的冲突报告内容一致，如图 4-13 所示。

创建时间：2017年4月21日 10:20:09
上次更新时间：

	A	B
1	墙 ： 基本墙 ： 常规 - 200mm ： ID 471022	设备专业模型.rvt ： 管道 ： 管道类型 ： RJ - 标记 83 ： ID 1422640
2	墙 ： 基本墙 ： 常规 - 200mm ： ID 471022	设备专业模型.rvt ： 管道 ： 管道类型 ： J - 标记 86 ： ID 1422753
3	墙 ： 基本墙 ： 常规 - 200mm ： ID 471022	设备专业模型.rvt ： 管道 ： 管道类型 ： RJ - 标记 109 ： ID 1423720
4	墙 ： 基本墙 ： 常规 - 200mm ： ID 471022	设备专业模型.rvt ： 管道 ： 管道类型 ： RJ - 标记 1615 ： ID 1741203
5	墙 ： 基本墙 ： 常规 - 200mm ： ID 471022	设备专业模型.rvt ： 管道 ： 管道类型 ： J - 标记 1618 ： ID 1741211
6	墙 ： 基本墙 ： 常规 - 200mm ： ID 471022	设备专业模型.rvt ： 管道 ： 管道类型 ： RJ - 标记 1630 ： ID 1741239
7	墙 ： 基本墙 ： 120厚轻质隔墙 ： ID 472046	设备专业模型.rvt ： 管道 ： 管道类型 ： RH - 标记 1639 ： ID 1741261
8	墙 ： 基本墙 ： 120厚轻质隔墙 ： ID 472046	设备专业模型.rvt ： 管道 ： 管道类型 ： J - 标记 1707 ： ID 1741728
9	墙 ： 基本墙 ： 120厚轻质隔墙 ： ID 472046	设备专业模型.rvt ： 管道 ： 管道类型 ： RJ - 标记 1708 ： ID 1741731
10	墙 ： 基本墙 ： 120厚轻质隔墙 ： ID 473471	设备专业模型.rvt ： 管道 ： 管道类型 ： J - 标记 1595 ： ID 1741141
11	墙 ： 基本墙 ： 120厚轻质隔墙 ： ID 473471	设备专业模型.rvt ： 管道 ： 管道类型 ： RH - 标记 1716 ： ID 1741782
12	墙 ： 基本墙 ： 120厚轻质隔墙 ： ID 473471	设备专业模型.rvt ： 管道 ： 管道类型 ： RJ - 标记 1717 ： ID 1741785
13	墙 ： 基本墙 ： 120厚轻质隔墙 ： ID 473471	设备专业模型.rvt ： 管道 ： 管道类型 ： J - 标记 1719 ： ID 1741803
14	墙 ： 基本墙 ： 120厚轻质隔墙 ： ID 473471	设备专业模型.rvt ： 管道 ： 管道类型 ： RJ - 标记 1720 ： ID 1741812
15	墙 ： 基本墙 ： 120厚轻质隔墙 ： ID 473471	设备专业模型.rvt ： 管道 ： 管道类型 ： RH - 标记 1721 ： ID 1741818
16	墙 ： 基本墙 ： 120厚轻质隔墙 ： ID 473540	设备专业模型.rvt ： 管道 ： 管道类型 ： RH - 标记 1673 ： ID 1741386
17	墙 ： 基本墙 ： 120厚轻质隔墙 ： ID 473540	设备专业模型.rvt ： 管道 ： 管道类型 ： RJ - 标记 1674 ： ID 1741388
18	墙 ： 基本墙 ： 120厚轻质隔墙 ： ID 473540	设备专业模型.rvt ： 管道 ： 管道类型 ： J - 标记 1698 ： ID 1741513
19	墙 ： 基本墙 ： 120厚轻质隔墙 ： ID 473750	设备专业模型.rvt ： 管道 ： 管道类型 ： RH - 标记 1639 ： ID 1741261
20	墙 ： 基本墙 ： 120厚轻质隔墙 ： ID 473750	设备专业模型.rvt ： 管道 ： 管道类型 ： RH - 标记 1690 ： ID 1741454
21	墙 ： 基本墙 ： 120厚轻质隔墙 ： ID 473750	设备专业模型.rvt ： 管道 ： 管道类型 ： J - 标记 1700 ： ID 1741519
22	墙 ： 基本墙 ： 120厚轻质隔墙 ： ID 473750	设备专业模型.rvt ： 管道 ： 管道类型 ： RJ - 标记 1704 ： ID 1741708
23	墙 ： 基本墙 ： 120厚轻质隔墙 ： ID 473750	设备专业模型.rvt ： 管道 ： 管道类型 ： RH - 标记 1705 ： ID 1741717
24	墙 ： 基本墙 ： 120厚轻质隔墙 ： ID 473750	设备专业模型.rvt ： 管道 ： 管道类型 ： RH - 标记 1706 ： ID 1741720
25	墙 ： 基本墙 ： 120厚轻质隔墙 ： ID 473750	设备专业模型.rvt ： 管道 ： 管道类型 ： RJ - 标记 1709 ： ID 1741761
26	墙 ： 基本墙 ： 120厚轻质隔墙 ： ID 473750	设备专业模型.rvt ： 管道 ： 管道类型 ： RJ - 标记 1712 ： ID 1741761
27	墙 ： 基本墙 ： 120厚轻质隔墙 ： ID 473750	设备专业模型.rvt ： 管道 ： 管道类型 ： RH - 标记 1715 ： ID 1741779
28	墙 ： 基本墙 ： 120厚轻质隔墙 ： ID 485748	设备专业模型.rvt ： 管道 ： 管道类型 ： RH - 标记 1639 ： ID 1741261
29	墙 ： 基本墙 ： 120厚轻质隔墙 ： ID 485748	设备专业模型.rvt ： 管道 ： 管道类型 ： J - 标记 1707 ： ID 1741728
30	墙 ： 基本墙 ： 120厚轻质隔墙 ： ID 485748	设备专业模型.rvt ： 管道 ： 管道类型 ： RJ - 标记 1708 ： ID 1741731
31	墙 ： 基本墙 ： 120厚轻质隔墙 ： ID 496735	设备专业模型.rvt ： 管道 ： 管道类型 ： RH - 标记 136 ： ID 1425846

图　4-13

施工图出图

5.1　给排水专业出图

下面就以一层为例，进行详细讲解。

在项目浏览器中复制 J 平面，选中"J"并单击鼠标右键，在弹出的快捷菜单中选择"复制视图"→"带细节复制"选项，如图 5-1 所示。将复制后的视图命名为"给水平面出图"。

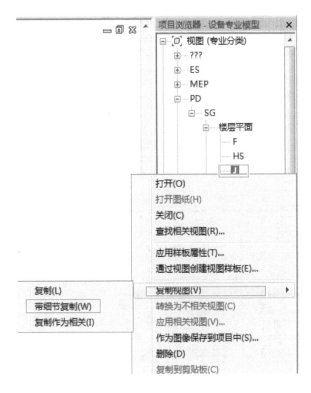

图　5-1

1. 标记管道类型

单击"注释"选项卡下"标记"面板中的"全部标记"按钮，在弹出的对话框中单击"应用"按钮。标记效果如图 5-2 所示。标注后需要删除多余的管道标注，如图 5-3 所示。

2. 标记管道尺寸

单击"注释"选项卡下"尺寸标注"面板中的"对齐"按钮，在弹出的对话框中选择"管道标记"，单击"应用"按钮，如图 5-4 所示。对构件的位置进行相应的标注，标记完成后如图 5-5 所示。

3. 卫生间详图的创建

单击"视图"选项卡下"创建"面板中的"详图索引"按钮，框选卫生间，添加详图索引符号，如图 5-6 所示。

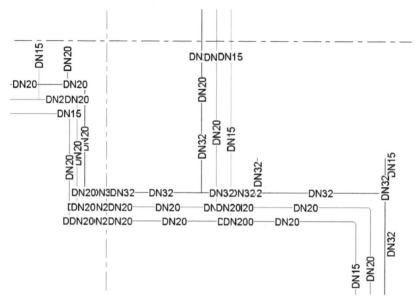

图 5-2

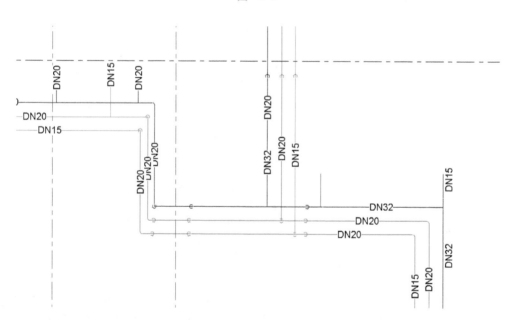

图 5-3

图 5-4

图 5-5

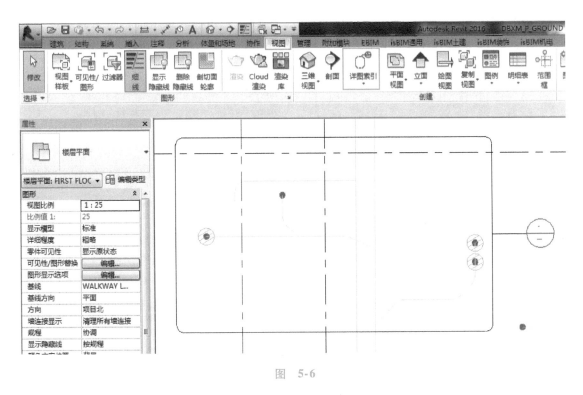

图　5-6

在项目浏览器中选中详图平面，单击鼠标右键，在弹出的快捷菜单中选择"重命名"选项，命名为"一层卫生间详图"。单击详图符号，进入详图视图，标记管道尺寸，做文字注释，如图 5-7 所示。

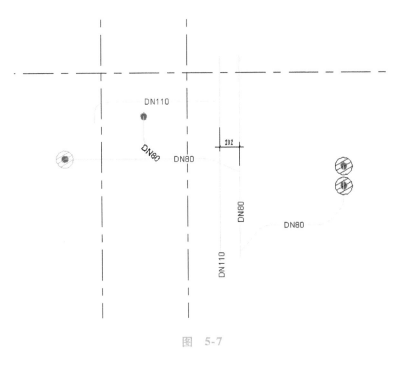

图　5-7

4. 创建图纸

在项目浏览器中选择图纸，单击鼠标右键，在弹出的快捷菜单中选择"新建图纸"选项，在打开的"新建图纸"对话框中选择相应的图纸，单击"确定"按钮，如图 5-8 所示。

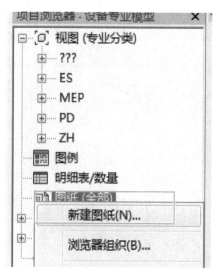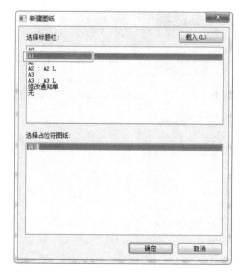

图　5-8

图纸创建完成后，选择需要的视图单击鼠标左键，拖曳到图纸中即可。

注意：单击鼠标左键一下才可进行拖曳，双击左键会进入所选择的视图，而不能进行拖曳。

5. 导出图纸

按图 5-9 所示选择需要导出的图纸。最终出图效果如图 5-10 所示。其余平面出图参照所给 CAD 图纸。

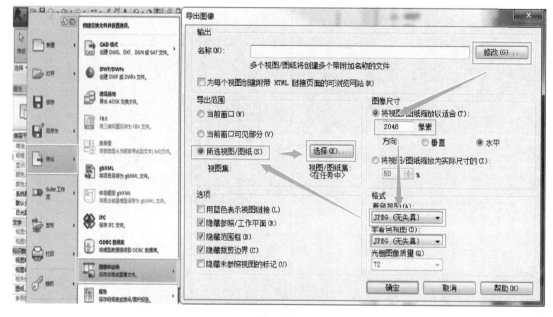

图　5-9

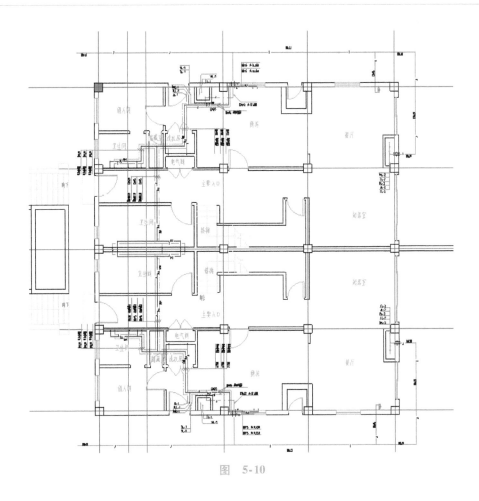

图　5-10

5.2　暖通专业出图

出图平面处理与给排水专业相同，不在此赘述。

1. 尺寸标注

进入"一层暖通及空调水平面出图"，单击"注释"选项卡下"尺寸标注"面板中的"对齐"按钮，选择类型"3.5-长仿宋-0.8（左下）"，如图 5-11 所示。

对风管位置进行标注，如风管与墙，风管与风管之间进行标记，如图 5-12 所示。

单击"注释"选项卡下"标记"面板中的"按类别标记"按钮，如图 5-13 所示。单击风管即可自动标注风管尺寸，在选项栏中取消勾选"引线"复选框，如图 5-14 所示。

风管尺寸标注的位置不合适时可进行手动调整。如需表示风管标高，可在"属性"选项板的类型选择器中选择标记族中不同的类型，如图 5-15 所示。

2. 风管附件、风道末端及机械设备标注

对于风管附件、风道末端及机械设备等构件，相应的类别有相应的标记族，使用方法与风管尺寸标记族相同。防火阀的类型标记如图 5-16 所示。风道末端"散流器-方形-铝合金"类型标记如图 5-17 所示。机械设备族类型标记如图 5-18 所示。用同样的方法完成其余所有风管的尺寸标注。

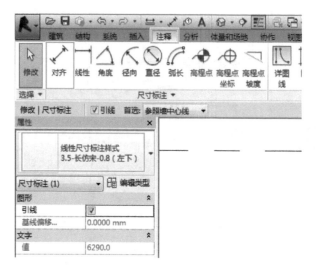

图 5-11

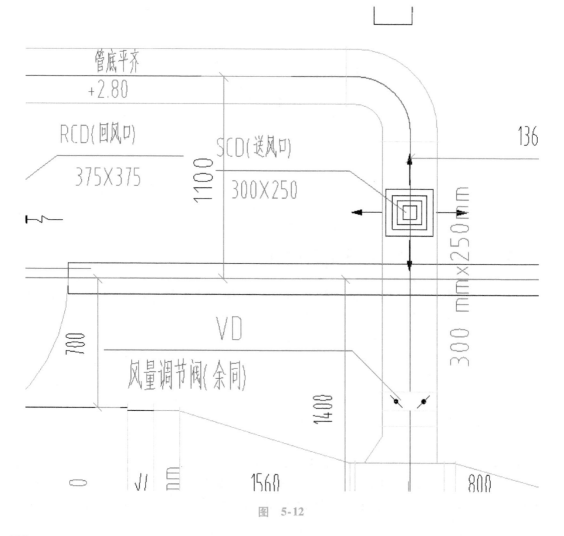

图 5-12

图　5-13

图　5-14

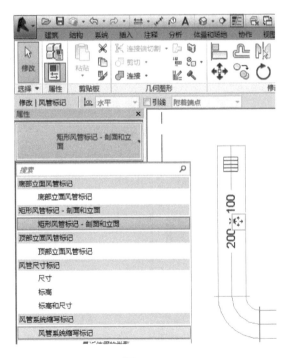

图　5-15

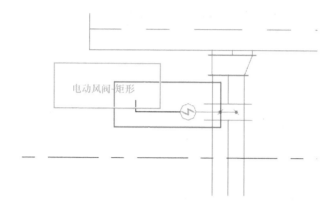

图 5-16

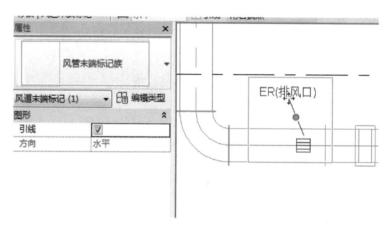

图 5-17

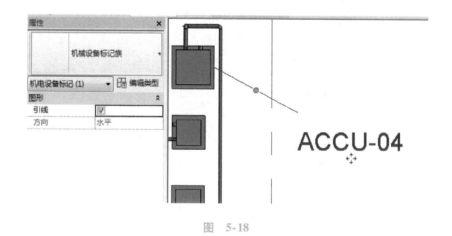

图 5-18

3. 创建图纸

图纸创建与给排水专业相同，不在此赘述。最终出图效果如图 5-19 所示。

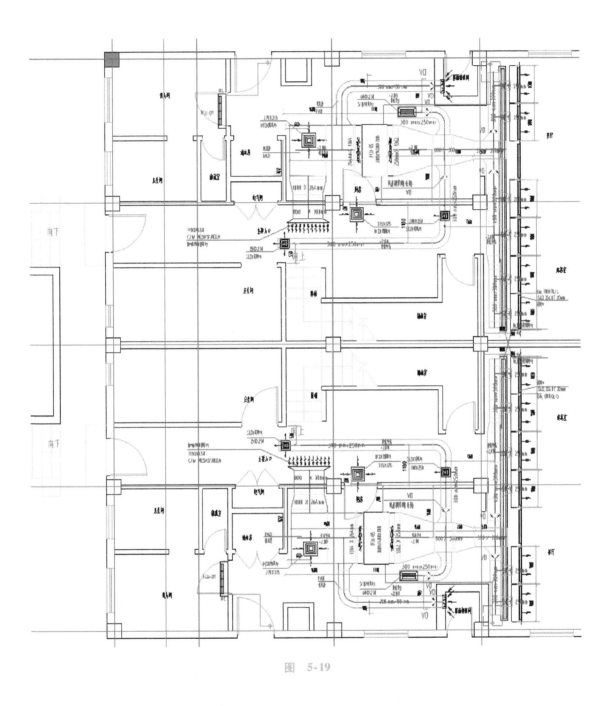

图　5-19

5.3　电气专业出图

出图平面处理与暖通专业相同，不在此赘述。所有尺寸标注以及电气设备标注与暖通专业相同。具体出图效果请参考所给 CAD 电气专业图纸。

5.4　三维轴测图

1.　选择合适的三维位置

进入三维视图，单击"属性"按钮，在"属性"选项板中勾选"剖面框"复选框，然后调整剖面框，选择合适的位置，设置如图 5-20 所示。

图　5-20

2.　锁定三维视图

单击状态栏中的"解锁三维视图"图标按钮，然后选择保存方向并锁定视图，如图 5-21 所示。

图　5-21

3.　标记三维视图

单击"注释"选项卡→"文字"面板中的"文字"按钮，在"修改 | 放置文字"上下文选项卡下"引线"面板中单击"二段引线文字"按钮，然后对视图中的构件进行文字说明，如图 5-22 和图 5-23 所示。

4.　导出三维图

单击▲按钮→"导出"→"图像和动画"→"图像"，如图 5-24 所示，然后按图 5-25 所示进行设置，最后单击"确定"按钮即可。

图 5-22

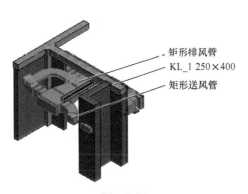

矩形排风管
KL_1 250×400
矩形送风管

图 5-23

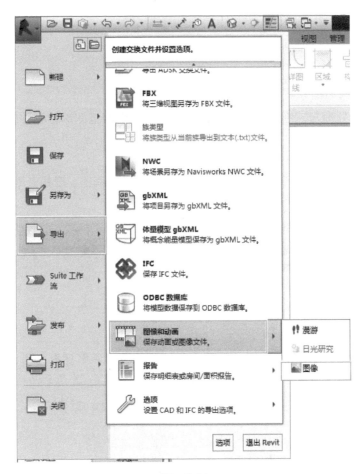

图 5-24

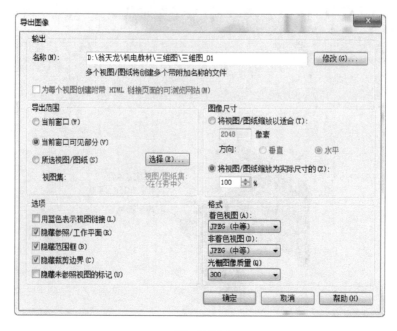

图　5-25

5.5　系统图

　　系统图的前期处理与三维轴侧图相同，在三维视图中调至东南轴测并锁定三维视图，隐藏建筑和结构出图。

　　1. 标记管道名称与直径

　　在"注释"选项卡下"标记"面板中单击"按类别标记"按钮，对管道的名称与直径进行标记，如图 5-26 所示。

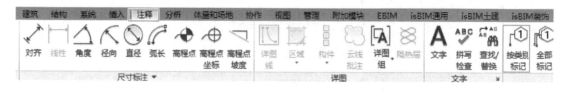

图　5-26

　　注意：如标记文字大小过大或过小，可编辑该注释族或调整视图比例，如图 5-27 所示。出图应尽量清晰美观，同时图纸信息应表达清楚，效果如图 5-28 所示。

图　5-27

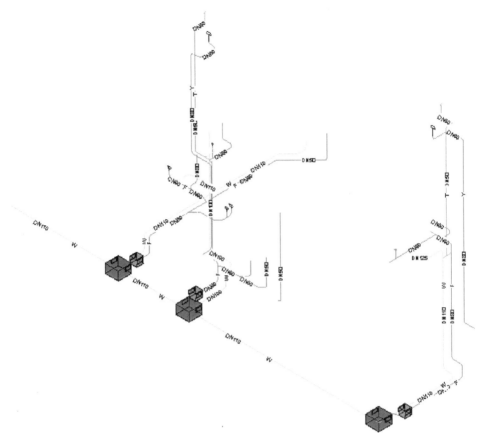

图 5-28

2. 标记管道坡度

单击"注释"选项卡下"尺寸标注"面板中的"高程点坡度"按钮，对管道坡度进行标记，如图 5-29 所示。标记效果如图 5-30所示。

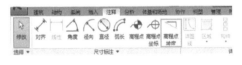

图 5-29

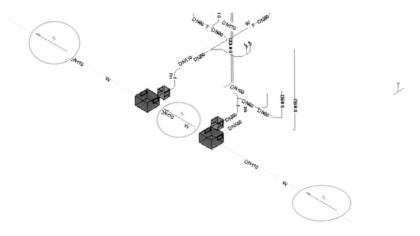

图 5-30

3. 标记管道高程

单击"注释"选项卡"尺寸标注"面板中的"高程点"按钮，对管道高程进行标记，如图5-31所示。出图应尽量清晰美观，同时图纸信息应表达清楚，效果如图5-32所示。

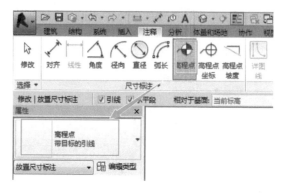

图 5-31

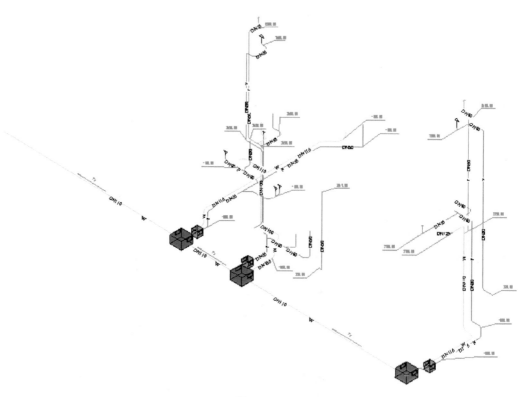

图 5-32

4. 标记设备

单击"注释"选项卡"标记"面板中的"按类别标记"按钮，对设备名称进行标记，效果如图5-33所示。

5. 图纸创建

图纸创建与给排水专业相同，不再赘述。

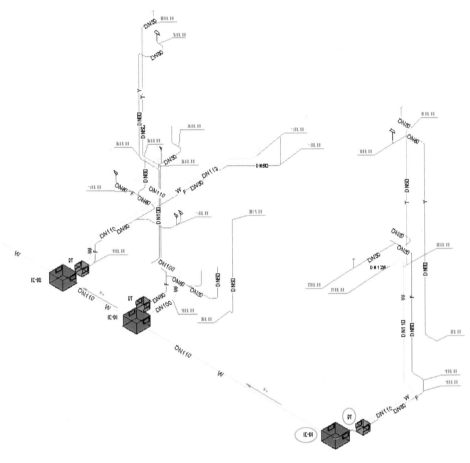

图　5-33

5.6　明细表

明细表是 Revit 软件的重要组成部分。通过定制明细表，我们可以从我们所创建的 Revit 模型中获取我们项目应用中所需要的各类项目信息，应用表格的形式直观的表达。本节讲述如何使用明细表来统计工程量

创建实例明细表的具体过程如下：

1）单击"视图"选项卡下"创建"面板中的"明细表"按钮，在其下拉菜单中单击"明细表/数量"，选择要统计的构件类别，如管道，设置明细表名称，给明细表应用阶段，最后单击"确定"按钮，如图 5-34 所示。

2）之后弹出"明细表属性"对话框，该对话框有如下重要选项卡。

① 设置"字段"选项卡。从"可用字段"列表框中选择要统计的字段，如材质、直径、类型、隔热层厚度、长度。单击"添加"按钮，将它们移动到"明细表字段"列表框中，单击"上移"和"下移"按钮调整字段顺序，如图 5-35 所示。

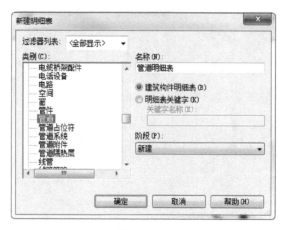

图　5-34

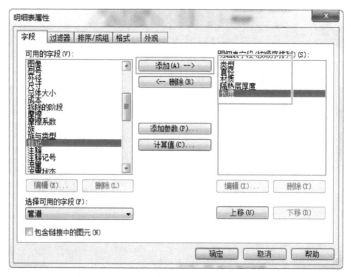

图　5-35

②设置"过滤器"选项卡。设置过滤器可以统计其中部分构件，不设置则统计全部构件，如图 5-36 所示。

图　5-36

③"排序/成组"选项卡。设置排序方式，勾选"总计"和"逐项列举每个实例"两个复选框，如图 5-37 所示。

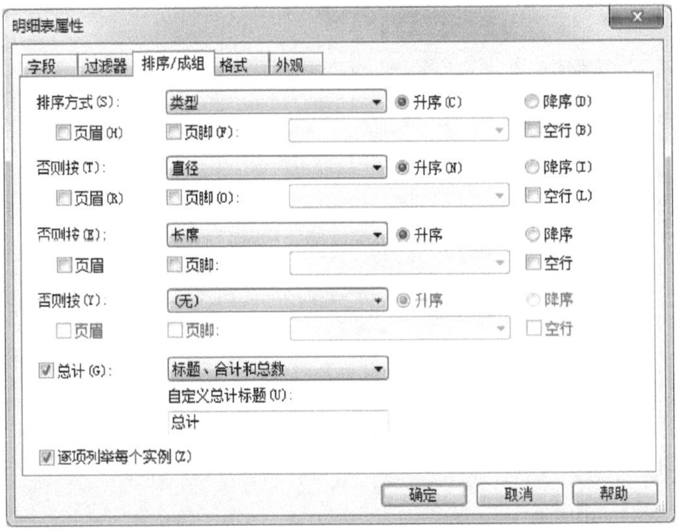

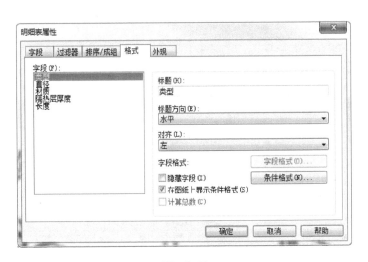

图 5-37

④"格式"选项卡。设置字段在表格中的标题名称（字段和标题名称可以不同，如"类型"可修改为构件编号）、方向、对齐方式，需要时勾选"计算总数"复选框，如图 5-38 所示。

图 5-38

⑤"外观"选项卡：设置表格线宽、标题和正文文字的字体与大小，完成后单击"确定"按钮，如图 5-39 所示。

3）设置完成后，单击"确定"按钮，管道明细表如图 5-40 所示。

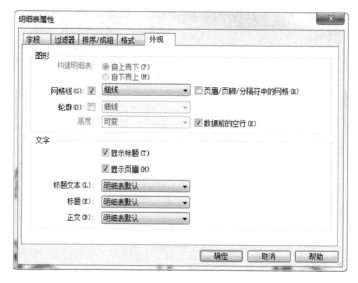

图 5-39

〈管道明细表〉

A	B	C	D	E
类型	直径	材质	隔热层厚度	长度
F	40 mm	Carbon Steel	0 mm	24.00
F	40 mm	Carbon Steel	0 mm	27.05
F	40 mm	Carbon Steel	0 mm	77.38
F	40 mm	Carbon Steel	0 mm	134.09
F	40 mm	Carbon Steel	20 mm	146.00
F	40 mm	Carbon Steel	0 mm	185.07
F	40 mm	Carbon Steel	0 mm	206.57
F	40 mm	Carbon Steel	0 mm	230.00
F	40 mm	Carbon Steel	0 mm	252.00
F	40 mm	Carbon Steel	0 mm	291.65
F	40 mm	Carbon Steel	0 mm	308.00
F	40 mm	Carbon Steel	20 mm	315.00
F	40 mm	Carbon Steel	0 mm	337.73
F	40 mm	Carbon Steel	0 mm	350.00
F	40 mm	Carbon Steel	0 mm	444.00
F	40 mm	Carbon Steel	0 mm	450.00
F	40 mm	Carbon Steel	0 mm	470.00
F	40 mm	Carbon Steel	0 mm	490.00
F	40 mm	Carbon Steel	0 mm	540.00
F	40 mm	Carbon Steel	0 mm	660.00
F	40 mm	Carbon Steel	0 mm	720.00
F	40 mm	Carbon Steel	0 mm	740.00
F	40 mm	Carbon Steel	0 mm	792.12
F	40 mm	Carbon Steel	0 mm	810.00
F	40 mm	Carbon Steel	0 mm	848.88

图 5-40

第 6 章

样板文件的基本设置

6

6.1 标高设置

单击"建筑"选项卡下"基准"面板中的"标高"按钮，单击"图元"面板下"图元属性"的下拉箭头，在下拉菜单中选择"类型属性"，打开"类型属性"对话框，修改其相应属性。

使用复制的方式创建新的类型，在符号处选择相应的符号，设置线宽、颜色及线型图案，并确定标高两个端点的默认显示状态，如图 6-1 所示。

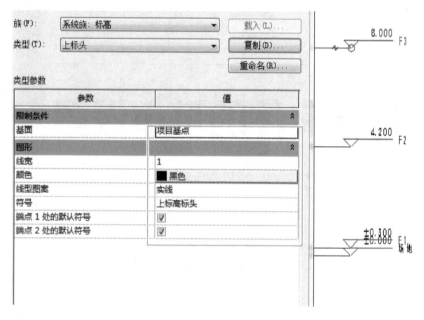

图　6-1

标高文字的样式及大小需在标高族文件中进行修改，在"项目浏览器"标高的相应族文件上单击鼠标右键，在弹出的快捷菜单中选择"编辑"选项，在打开的对话框中单击"是"按钮，打开标高族文件，选择要进行修改的标签进行相应调整，如图 6-2 所示。

选择相应的文字标签单击"图元属性"下拉箭头，在下拉菜单中选择"类型属性"，打开"类型属性"对话框，对字体、文字大小、宽度系统等进行具体设置，如图 6-3 所示。

标高的标注单位的设置：选择"立面"标签，单击"标签"面板下的"修改标签"按钮，打开"编辑标签"对话框，在右侧窗格中选择"立面"标签，单击"编辑参数的单位格式"按钮，打开"格式"对话框，取消勾选"使用项目设置"复选框，"单位"设置为"米"，"舍入"设置为"3 个小数位"，"单位符号"设置为"无"，如图 6-4 所示。

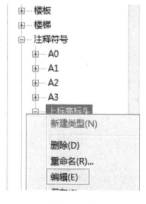

图　6-2

图 6-3

图 6-4

6.2 轴网基本设置

单击"建筑"选项卡下"基准"面板中的"轴网"按钮，单击"图元"面板中的"图元属性"下拉箭头，在下拉菜单中选择"类型属性"，打开"类型属性"对话框，修改其相应属性，如符号类型、轴线中段的显示方式、轴号的显示情况等，如图 6-5 所示。

修改轴号的半径尺寸：单击"项目浏览器"→"族"→"注释符号"→"轴网标头"，双击标头类型，打开"类型属性"对话框，修改其半径（此半径参数需要在族文件中添加才可在此处进行修改），如图6-6所示。

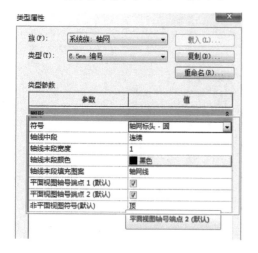

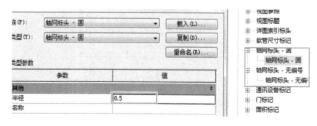

图 6-5 　　　　　　　　　　　　　　　　　　　　　　　　图 6-6

单击"项目浏览器"→"注释符号"→"轴网标头"，单击鼠标右键，在弹出的快捷菜单中选择"编辑"选项，在打开的对话框中单击"是"按钮，打开轴网标头族文件，修改其文字标签样式的字体垂直、水平排列方式，在"类型属性"对话框中修改文字大小及宽度系数等，如图6-7所示。

图 6-7

6.3　尺寸标注的设置

单击"注释"选项卡，在"尺寸标注"面板中可以分别打开线性、角度、径向尺寸标注类型，以及高程点、高程点坐标、高程点坡度类型的属性对话框，如图 6-8 所示。

线性标注需注意分别设置：记号标记、设置尺寸界线控制点、尺寸界线长度、尺寸界线与图元的间隙、尺寸界线延伸、尺寸标注延长线、尺寸标注线捕捉距离（当移动两道尺寸线间距出现绿色虚线时，即为默认间距），以及文字的样式、宽度系数、文字大小等，如图 6-9 所示。

图　6-8

图 6-9 表格：

族 (F):	系统族: 线性尺寸标注样式		载入 (L)...
类型 (T):	3.5-长仿宋-0.8（左下）		复制 (D)...
			重命名 (R)...

类型参数

参数	值
文本移动时显示引线	远离原点
记号	对角线 3mm
线宽	1
记号线宽	4
尺寸标注线延长	0.0000 mm
翻转的尺寸标注延长线	2.4000 mm
尺寸界线控制点	图元间隙
尺寸界线长度	2.4000 mm
尺寸界线与图元的间隙	2.0000 mm
尺寸界线延伸	2.5000 mm
尺寸界线的记号	无
中心线符号	无
中心线样式	实线
中心线记号	对角线 3mm
内部记号显示	动态
内部记号	对角线 3mm
同基准尺寸设置	编辑...
颜色	■黑色
尺寸标注线捕捉距离	8.0000 mm
文字	
宽度系数	0.700000
下画线	☐
斜体	☐
粗体	☐
文字大小	3.5000 mm
文字偏移	1.0000 mm
读取规则	向上，然后向左
文字字体	长仿宋体
文字背景	透明
单位格式	1235 [mm]（默认）

图　6-9

6.4 线型图案和线宽设置

单击"管理"选项卡下"设置"面板"中的"其他"下拉箭头，在下拉菜单中选择"线型图案"，打开"线型图案"对话框。单击"编辑"或"新建"按钮打开"线型图案属性"对话框，编辑或新建线型图案即可，如图 6-10 所示。

图 6-10

6.4.1 线宽设置

单击"管理"选项卡下"设置"面板中的"其他设置"下拉箭头，在下拉菜单中选择"线宽"，打开"线宽"对话框，如图 6-11 所示。

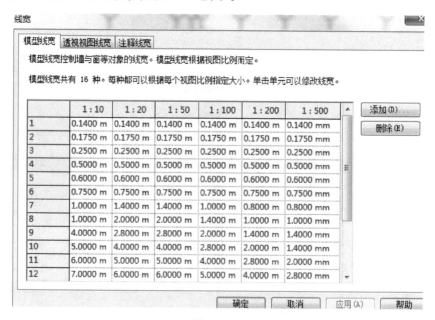

图 6-11

Revit 可以分别为模型对象、透视视图、注释对象各设置 16 种线宽。其中，针对模型对象可以针对不同的比例为每种线宽设置不同的宽度值。

注意：根据应用者最常用的出图方式，应该设置不同组合的线宽，例如，打印大幅面图纸，和打印小幅面图纸成册相比，线宽值的设置应该有所不同，合理的线宽值要在实际应用中逐步调试。

 6.4.2　线样式设置

单击"管理"选项卡下"设置"面板中的"其他设置"下拉箭头，在下拉菜单中选择"线样式"，打开"线样式"对话框，里面已经有了一些不可删除、不可重命名的基本线样式，如图 6-12 所示。

类别	线宽 投影	线颜色	线型图案
□─ 线	1	■ RGB 000-166-00(	实线
┈┈ <中心线>	1	■ 黑色	中心
┈┈ <已拆除>	1	■ 黑色	已拆除
┈┈ <房间分隔>	6	■ 青色	划线
┈┈ <架空线>	1	■ 黑色	架空
┈┈ <空间分隔>	6	■ 绿色	划线
┈┈ <草图>	3	■ 紫色	实线
┈┈ <超出>	1	■ 黑色	实线
┈┈ <钢筋网外围>	1	■ RGB 127-127-12	划线
┈┈ <钢筋网片>	1	■ RGB 064-064-06	实线
┈┈ <隐藏>	1	■ 黑色	隐藏
┈┈ <面积边界>	6	■ RGB 128-000-25	实线
┈┈ MEP 隐藏	1	■ 黑色	隐藏 1.5
┈┈ 中粗线	3	■ 黑色	实线

全选(S)　　不选(E)　　反选(I)

修改子类别　　新建(N)　　删除(D)　　重命名(R)

图　6-12

注意："线样式"的设置是保证图线图元外观样式的关键，前面介绍的"线宽"及"线型图案"设置成果均应用于此。

在"线样式"对话框中编辑它们的线宽（由模型对象的线宽来控制）、颜色和线型图案（可以选择所有已设置好的线型图案）。

单击"新建"按钮新建需要的新样式并设置其线宽、颜色和线型图案。

导出图层设置：单击 ▲按钮→"导出"→"CAD 格式"→"DWG"，在打开的"DWG 导出"对话框中，在"导出"下拉列表框中确定要导出的图纸，如图 6-13 所示。

在导出设置中，调整投影与截面的图层名字，使其与 CAD 标准文件中的图层设置一一对应，如图 6-14 所示。

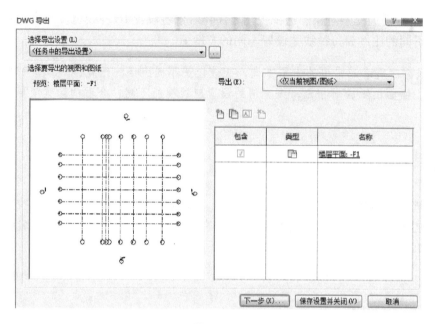

图　6-13

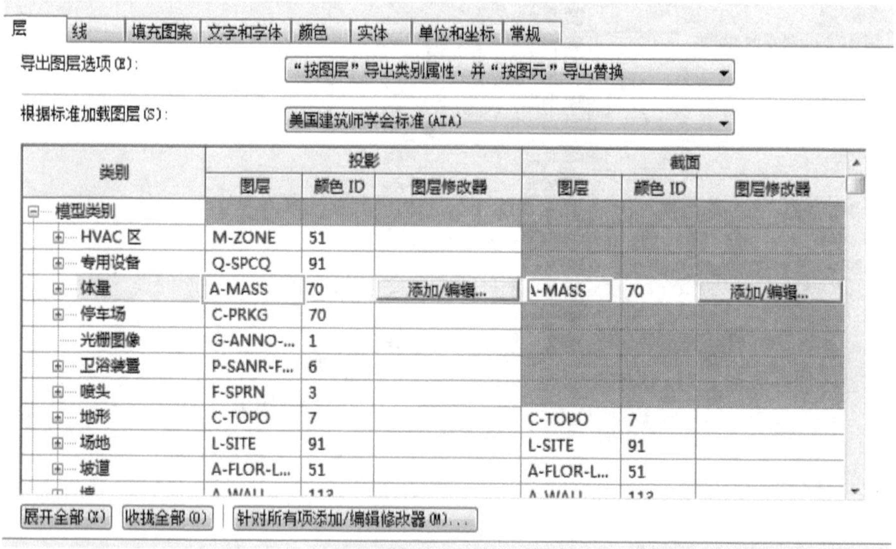

图　6-14

CAD 标准文件的制作方法：打开一个包含各种图层设置的 CAD 所绘制图纸 dwg 文件，打开所有图层，在模型空间内删除全部图元，然后另存成 dws 文件即可。

1）打开 Revit 导出的 dwg 文件。

2）在 CAD 中，单击"工具"→"CAD 标准"，在图层转换器中加载 CAD 标准文件（文件格式为 dws），然后单击"映射相同"→"转换"即可。

6.5　对象样式的设置

单击"管理"选项卡下"设置"面板中的"对象样式"按钮，打开"对象样式"对话框，可以对各种对象进行线宽、颜色、线型图案，甚至是材质的选择，如图6-15所示。

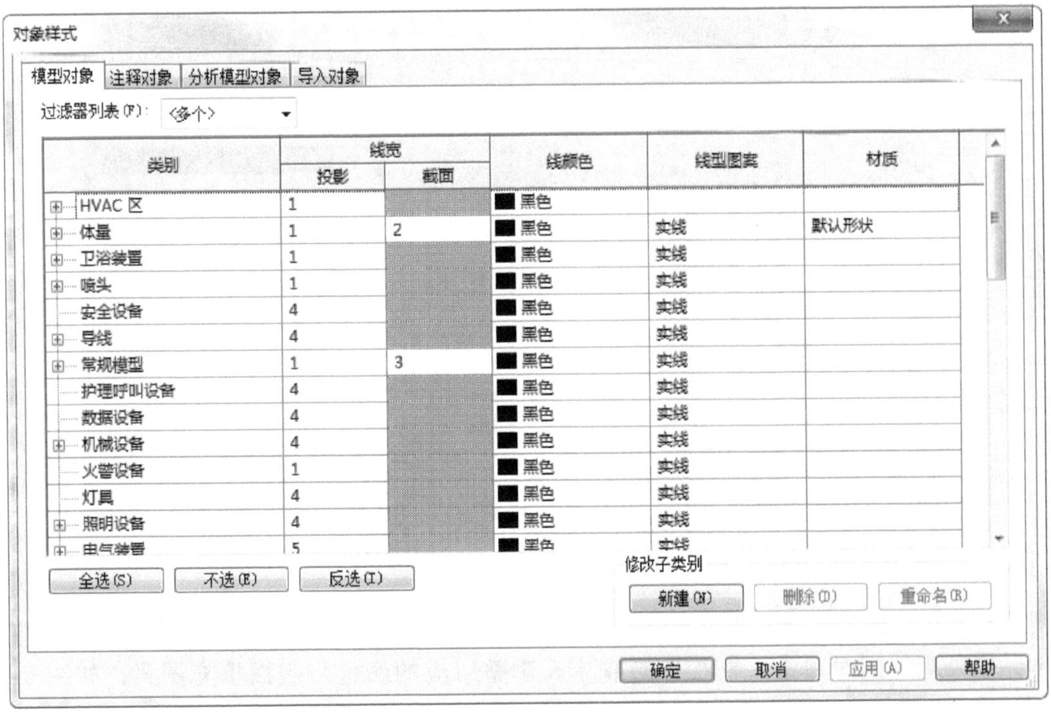

图　6-15

注意："对象样式"的设置是保证除线图元外其他图元外观样式的关键，前面介绍的"线宽"及"线型图案"设置成果均应用于此。在模型对象中，根据族类别的不同，部分族类别不会产生剖切视图，因此其截面线宽不可设置；在模型对象中对于材质的设置是默认材质，即对于对象实例的材质设置为"按类别"时，其材质为对象样式中该类别设置的材质。

6.6　材质设置

单击"管理"选项卡下"设置"面板中的"材质"按钮，打开"材质"对话框，可以使用"复制""重命名""删除"命令对现在的材质进行相应编辑，通过"材质"对话框的左侧窗格可以查找材质，通过其右侧窗格可以修改选定材质的属性，如图6-16所示。

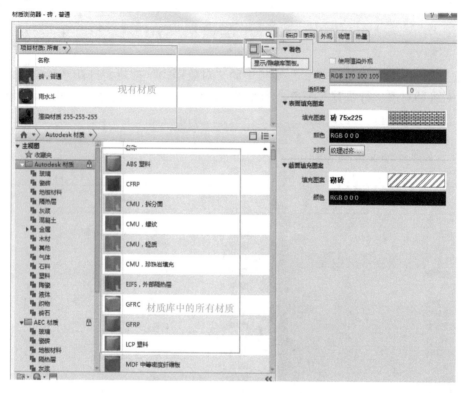

图　6-16

　　修改材质：选择任意材质，单击右侧窗格中的"外观"选项卡，在"贴图库"里替换其他贴图外观，同时单击"图形"选项卡，调整对应的颜色与表面填充图案，如图 6-17 所示。

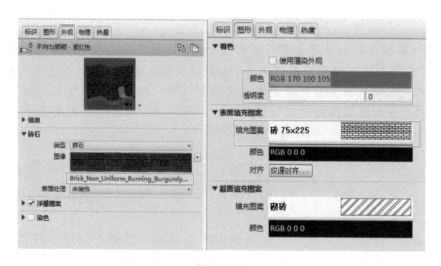

图　6-17

6.7　系统设置

水、暖、电，3 个专业系统的创建方法一样，这里以给排水专业为例，在"项目浏览器"→"族"中，找到对应的专业系统，如图 6-18 所示。

1. 复制

可以添加与当前系统分类相同的系统，图 6-19 中所指的"污水系统"即为基于"卫生设备"复制产生的新管道系统类型。

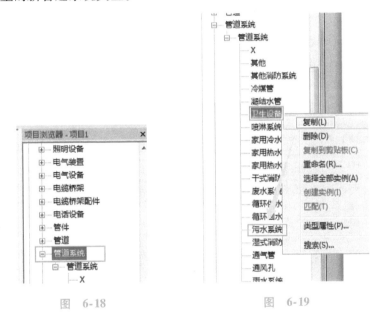

图　6-18　　　　　　　　　　图　6-19

2. 删除

删除当前系统，如果当前系统是该系统分类下的唯一一个系统，则该系统不能删除，软件会自动弹出一个错误报告，如图 6-20 所示。如果当前系统类型已经被项目中的某个管道系统使用，则该系统也不能删除，软件会自动弹出一个错误报告，如图 6-21 所示。

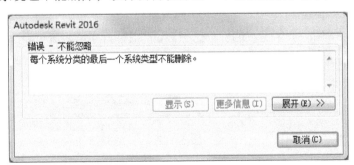

图　6-20

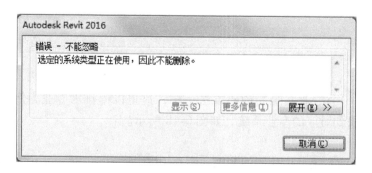

图 6-21

3. 系统类型属性

图 6-22 所示为管道系统"家用冷水"的"类型属性"对话框。在"图形"分组下的"图形替换"用于控制管道系统的显示。单击"编辑"按钮后，在弹出的"线图形"对话框中，可以定义管道系统的"宽度""颜色"和"填充图案"，如图 6-23 所示。该设置将应用于属于当前管道系统的图元，除管道外，可能还包括管件、阀门和设备等。

类型属性

参数	值
图形	
图形替换	编辑...
材质和装饰	
材质	<按类别>
机械	
计算	全部
系统分类	家用冷水
流体类型	水
流体温度	16 ℃
流体动态粘度	0.00112 Pa·s
流体密度	998.911376 kg/m³
流量转换方法	主冲洗阀
标识数据	
类型图像	
缩写	

图 6-22

"材质和装饰"分组下的"材质"可以选择该系统所采用管道的材料。单击右侧的按钮后，弹出"材质浏览器"对话框，可以定义管道材质并应用于渲染，如图 6-24 所示。

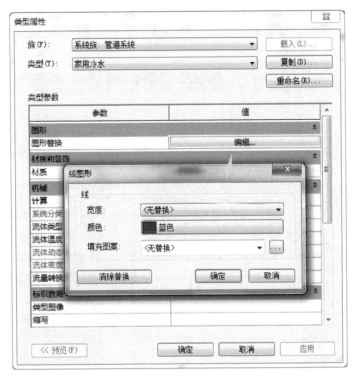

图 6-23

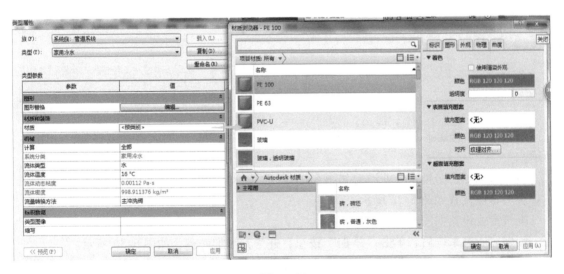

图 6-24

6.8 管道配置

单击"系统"选项卡下"卫浴和管道"面板中的"管道"按钮，在"属性"选项板中单击"编辑类型"按钮，在打开的"类型属性"对话框中单击"布管系统配置"右侧的"编辑"按钮，在打开的"布管系统配置"对话框中为所选系统类型进行管道系统的配置，如图 6-25 所示。

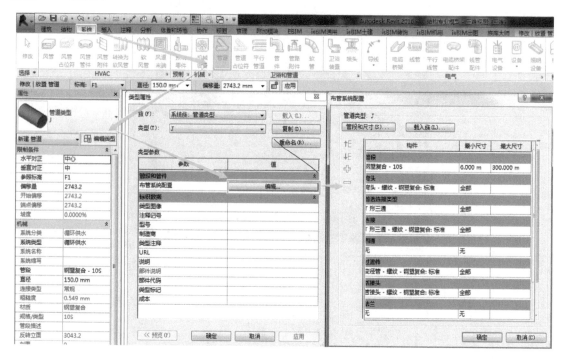

图 6-25

6.9 视图样板设置

进入任意一楼层平面，单击"属性"→"可见性/图形替换"，进入过滤器设置，如图 6-26 所示。

新建过滤器，给排水专业设置如图 6-27 所示。

暖通专业设置如图 6-28 所示。

电气专业设置如图 6-29 所示。

创建完所有系统后，单击"添加"按钮，并为其添加颜色，如图 6-30 所示。

选择楼层平面，单击鼠标右键，在弹出的快捷菜单中选择"通过视图创建视图样板"选项，在打开的"新视图样板"对话框中为其命名，如图 6-31 所示。

单击"视图"选项卡下"图形"面板中的"视图样板"下拉菜单中的"管理视图样板"按钮，打开"视图属性"对话框，如图 6-32 所示。

修改及调整视图样板，可在系统默认的视图样板中进行重命名和视图属性的编辑修改，也可新建视图样板，调整视图属性的相应设置（视图比例、详细程度、模型、注释、导入对象的可见性调整、远剪裁、规程等）。

图　6-26

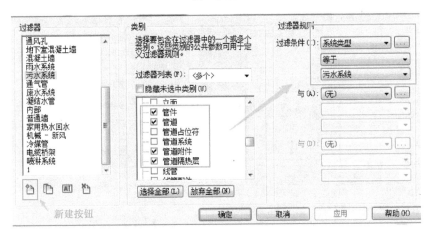

图　6-27

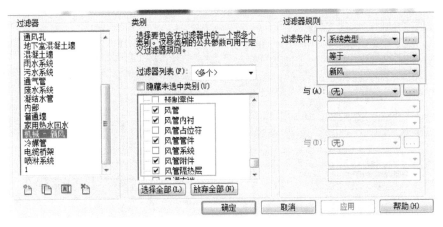

图　6-28

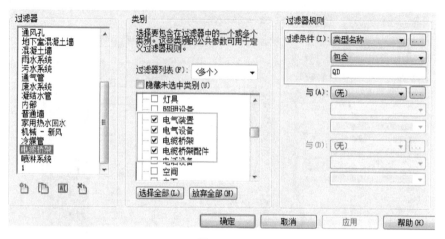

图　6-29

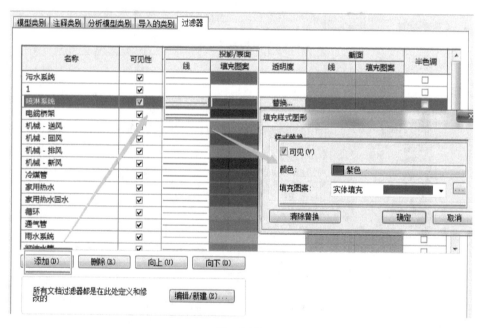

图　6-30

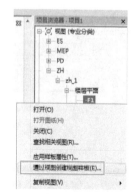

图　6-31

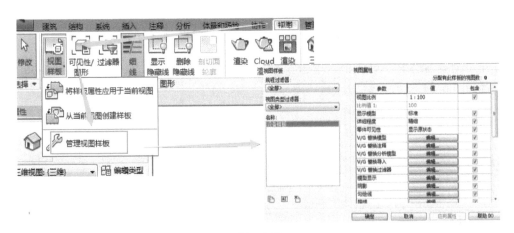

图　6-32

6.10　视图设置

单击"管理"选项卡下"设置"面板中的"项目参数"按钮，在打开的"项目参数"对话框中单击"添加"按钮，添加一个专业类型与子专业，如图 6-33 所示，具体设置如图 6-34 所示。

图　6-33　　　　　　　　　　　　　图　6-34

在"项目浏览器"中"视图"处单击鼠标右键，在弹出的快捷菜单中选择"浏览器组织"选项，如图 6-35 所示。

打开"浏览器组织"对话框，单击"新建"按钮新建一个专业分类，如图 6-36 所示，具体设置如图 6-37 所示。

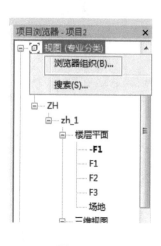

图　6-35

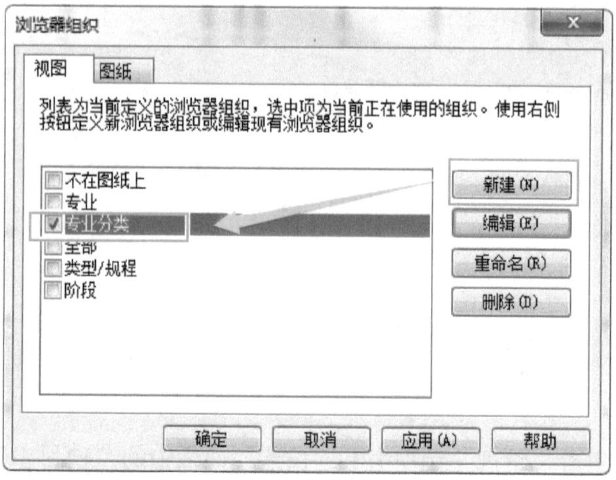

图　6-36

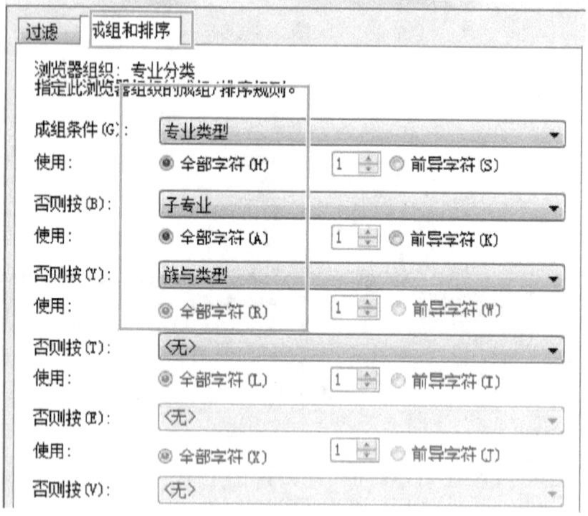

图　6-37

复制视图平面，利用应用视图样板功能，调整专业名称与分类，操作过程如图 6-38 所示。

创建完成后为每个专业平面分配对应的过滤器，进入"可见性/图形替换"对话框，在"过滤器"选项卡下取消勾选不需要的过滤器，如图 6-39 所示。各专业视图样板设置完成后如图 6-40 所示。

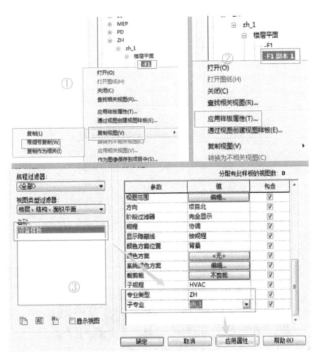

图　6-38

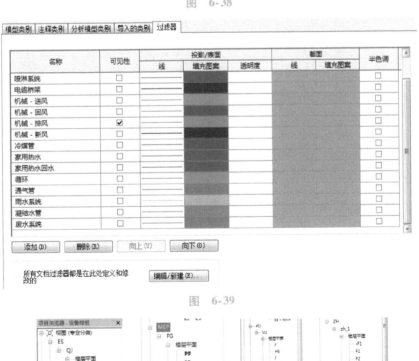

图　6-39

图　6-40

7

四维施工模拟

7.1　主体结构施工模拟

1. 导出 nwc

单击"应用程序菜单"按钮→"导出"→"NWC"，分别导出建筑、结构、设备的 Navisworks 文件，如图 7-1 所示。

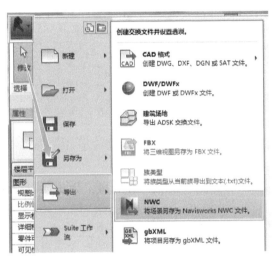

图　7-1

2. 在 Navisworks 软件中打开项目

单击左上角的"应用程序菜单"按钮，打开"建筑专业模型.nwc"，然后把所有专业全部附加到 Navisworks 软件中，如图 7-2 所示。

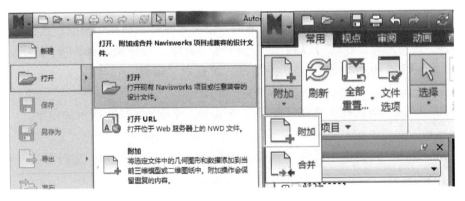

图　7-2

3. 在 TimeLiner 中的设置

单击"常用"选项卡→"TimeLiner"按钮，如图 7-3 所示，进入施工模拟界面，如图 7-4 所示。

图 7-3

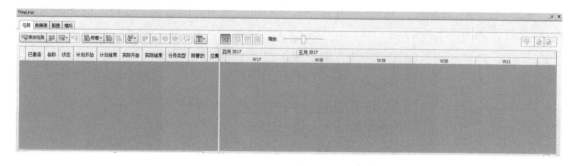

图 7-4

4. 新建任务

单击左上角的"添加任务"按钮，新建一个任务。以主体结构为例，如图 7-5 所示。

图 7-5

按项目实际情况调整计划开始和计划结束，以及实际开始和实际结束。选择本阶段需要搭建的构件，进行附着。在此可以利用"选择树"功能进行快速选择，可按楼层或者构架进行选择，如图 7-6 所示。同时，"任务类型"设置为"构造"，如图 7-7 所示。

5. 配置设置

在"TimeLiner"对话框中选择"配置"选项卡，完成如图 7-8 所示的设置。

6. 开始模拟并导出

在"TimeLiner"对话框中选择"模拟"选项卡，如图 7-9 所示，进行导出。导出设置如图 7-10 所示。

图 7-6

图 7-6（续）

图 7-7

图 7-8

图 7-9

图　7-10

7.2　材质添加

单击"常用"选项卡→"Autodesk Rendering"按钮，选择需要替换材质的构件，选中构件，在材质中单击任意一个自己喜欢或者项目需求的材质即可替换，如图 7-11 所示。

图　7-11

7.3　视点动画和录制动画

1. 调整人物属性

单击"视点"选项卡→"导航"按钮，选择"漫游"，并勾选全部的"真实效果"。漫游是以第三人称视角进行模型浏览，而真实效果是使得人物在行走过程中受到物理的约束，以达到漫游效果的真实，线速度与角速度主要是控制人物行走的速度和旋转镜头的速度，如图 7-12 所示。

图　7-12

2. 编辑视点

单击"视点"选项卡→"保存视点"按钮，在需要的位置进行视点保存，多个视点组成的动画软件会自动根据视点进行路径绘制。然后生成一段视点动画，如图 7-13 所示在保存视点空白处单击鼠标右键，在弹出的快捷菜单中选择"添加动画"选项，把所保存的视点拖动至动画下，如图 7-14 所示。

图　7-13

图　7-14

3. 录制动画

录制动画与视点动画大致一致，区别在于，录制动画会自动在所录制的路径上截取视点，生成的视点数量会很多。单击"动画"选项卡→"录制"按钮，即可录制动画，如图 7-15 所示。

图　7-15

4. 导出视点动画和录制动画

导出视点动画和录制动画，与导出施工模拟动画方法一致，区别在于要先选择需要导出的动画，然后再进行动画导出，如图 7-16 和图 7-17 所示。

图　7-16

图　7-17